U0523711

通关

职场女性如何少走弯路

杨尚梅 ◎ 著

中国经济出版社
CHINA ECONOMIC PUBLISHING HOUSE

北京

图书在版编目（CIP）数据

通关：职场女性如何少走弯路 / 杨尚梅著 . — 北京：中国经济出版社，2024.6 — ISBN 978-7-5136-7796-7

Ⅰ. B848.4-49

中国国家版本馆 CIP 数据核字第 2024HP7730 号

责任编辑	丁　楠	马伊宁	
责任印制	马小宾		
封面设计	久品轩	高晗辉	

出版发行	中国经济出版社
印 刷 者	北京富泰印刷有限责任公司
经 销 者	各地新华书店
开　　本	880mm×1230mm　1/32
印　　张	8
字　　数	152 千字
版　　次	2024 年 6 月第 1 版
印　　次	2024 年 6 月第 1 次
定　　价	59.80 元

广告经营许可证　京西工商广字第 8179 号

中国经济出版社 网址 http://epc.sinopec.com/epc/　社址 北京市东城区安定门外大街 58 号　邮编 100011
本版图书如存在印装质量问题，请与本社销售中心联系调换（联系电话：010-57512564）

版权所有　盗版必究（举报电话：010-57512600）
国家版权局反盗版举报中心（举报电话：12390）　服务热线：010-57512564

缘起

序 言

"假如明天是生命的最后一天,我会如何评价自己的这一生?"

我经常问自己这个问题,答案每次略有不同,但有同一个明确的指向——希望自己曾带给人们积极的影响,哪怕是一丁点儿。回顾将近20年的职业生涯,发现自己有过很多尝试和跨越。无论是曾经作为大学生志愿者去新疆支教,还是后来用十多年时间投入人力资源管理和人才发展领域,又或是从"大厂"辞职后转型从事教练辅导和赋能工作,在北京大学深圳研究生院做公益性的职业生涯辅导,我始终不变的便是保持这份意义感。

相对丰富的职业经历和长期保持的学习交流习惯,让我有机会遇到多个领域的大咖,其中很多是成绩卓著的职场女性。从她们身上,我看到了闪耀光芒背后的共性因素。我做辅导教练遇到的客户中,很多是职场女性或是即将步入职业生涯的女学生，所以我有机会更全面地理解女性在职场发展中面临的各种挑战和困惑，后来便产生了写下这本书的想法，期望它能给同样面临这些困扰的女性带去一些帮助。

为了让书中介绍的经验和方法更具现实指导意义，我专门访谈了多位来自不同行业、不同专业领域、不同职位的女性，包括一线演艺文化企业的首席执行官（Chief Executive Officer, CEO）、网络安全技术企业的高管、知名"大厂"的人力资源总监、飞速成长的新锐产品经理、转型的自由职业者等。我从她们的经历中，提取了一些关键的成功要素，融入不同的篇章中，以期能够给读者一些启发。考虑到要尊重受访人的隐私，我在书中使用化名来讲述她们的故事。

在此，我也对每一位接受我访谈的老师、朋友和职场达人表达我最深的感谢！

职业生涯纵观

在进入正文前，我想从全景视角对职业生涯做个概述。我们可以将职业生涯看作三段"旅程"。

第一段是出发阶段的"就业期"。著名的职业生涯规划专家古典老师把它定义为生存期。在这个阶段，我们通常刚完成学业或者参加工作不久，使自己经济独立是首要目标。这个阶段，许多人是在不适、紧张和困惑中度过的，会受到打击和磨炼，要经过试错、学习、修正等过程，因此这段"旅程"的风景大概率是荆棘满途的。要顺利度过这个阶段，最好的武器就是快速学习，积累职业生涯路上所需的各种技能。

第二段是攀登阶段的"职业期"。这个阶段也常被称为"发展期"，因为在这一阶段追求个人更好的职业发展被摆在了更重要的位置。如果将上一段旅程比喻成"活下来"，这一段就是"活得好"。通常，这段"旅程"就像是一辆车在不完全平坦的路上飞驰，除了疾驰的快感，也偶有颠簸和不适。这个阶段最好的策略是充分发挥自己的优势，形成自己的核心竞争力。

第三段是登顶阶段的"事业期"。你站在小山顶的平台上眺望：脚下有更低的山坡，远处还有更高更险的山峰，而你决定选择一座自己内心深处很想去的山峰一探究竟，不论高低险峻，都打算全身心地投入其中，进入登顶"旅程"。这个阶段总是充满挑战，但是因为内心有激情、手上有资源，整个旅程既充满了探险的刺激感，也具有实现自我价值的幸福感。

当然，在现实的职业生涯里，不一定每个人都会按部就班地完整经历这三个阶段，每个人经历各个阶段的时间长短也不相同。有的人生来自带资源和实力，念完书后就直接进入了追求自我实现的"事业期"，比如在家里的支持下创业。所以，职业生涯既有像环绕轨道行驶般的规律性，也有不循规蹈矩的跳跃性。

受社会文化和观念影响，女性承担的社会角色期待比男性更多，比如是丈夫的妻子、孩子的妈妈、父母的女儿等，也就是说，女性被更多地期待承担起"主内"的职责。智联招聘2024年3月发布的《2023中国女性职场现状调查报告》显示，

通关：职场女性如何少走弯路

越来越多的女性正在成为职场上的"拼命三娘"，同时还是操持家务的主力军——有将近七成的职场女性，在每天工作结束后，还要花 1 个小时以上的时间来做家务。这个比例远高于男性（47.2%），也远高于 2022 年的数据。该报告显示，婚育情况是影响女性职业发展的首要因素。

根据《职业女性的发展与工作：家庭关系研究》的研究成果，女性的职业生涯通常呈现"两个高峰和一个低谷"的"M"形特点。一个"高峰"是女性参加工作后的 6~8 年，也就是从就业到生育之前；另一个"高峰"是 36 岁以后的十多年，这时孩子基本长大或可以托人代管，而女性自身精力仍然充沛，阅历也逐渐丰富，容易进入事业的辉煌时期；这个"M"中的"低谷"，通常是生育和抚养孩子的 8 年左右的时间，这段时间，女性的职业生涯发展处于停滞甚至下跌状态。女性职业生涯的"M"形特点，和男性的线性发展特点不同，意味着女性在职业生涯中为家庭做了很多牺牲。

有没有避开"M"中的低谷或者把影响降到最低的例子呢？她们又是如何做到的？我在访谈的几位职场女性代表身上找到了答案，她们分享的经验和心得值得借鉴。学习他人的经验，能帮助我们在职业生涯中减少不必要的损耗，加快个人成长的速度，这也是我写这本书的意义所在。

用好此书

本书适合职场新人女性或者将要步入职场的女性，也适合

序言缘起

大多数已经有一定工作经验,但正在经历职业方向迷茫期、发展受阻、遭遇挑战和面临瓶颈的职场女性。本书第1~3章侧重于提供具体的工具和方法,帮助读者探索适合自己的方向、构建自己的优势能力和提升个人影响力;第4章和第5章是关于心态的建设,同样提供了具体的工具和方法,帮助读者创建自我觉察;第6章和第7章探讨了女性在职场中较常遇到的挑战,也提供了一些方法和建议作为参考。

书中列出的工具、方法,都是我在做一对一的个人教练辅导时经常运用的,我相信如果运用得当,一定能够给你带来帮助。文中配的插图是我专门画的小插画,类似这样的视觉图也是教练辅导中常用的隐喻工具。很多感受、想法和体验较难用文字表达,但是图像可以,图像经常会在不经意间给人带来一些触动和启发。如果你喜欢这些小插画,可以发邮件给我,我将会把这些小插画的彩色版图片发给你。(邮箱地址:46699001@qq.com)

我真诚地期盼此书能够带给你信心,帮你找到行动的路径,唤起你内在的力量,助你在职业生涯中画出心中理想的曲线!

杨尚梅

2024年3月18日于深圳

目 录

01 第1章
方向关：厘清方向画出路径图

有愿景和目标的人生不迷航　　　　　　　　　003
双重探索，让"我要啥"变清晰　　　　　　　008
寻找职业偶像，为自己树立生动形象的目标　　018
区分 wish 和 will，把目标变成有路径的彩虹图　022

02 第2章
能力关：打磨能力出成果方显真实力

全力"做出来"，让想法开花结果　　　　　　　033
理解人才四角，看清组织选拔人才的关键　　　　038
识别自身优势，打磨成为那颗最亮的星　　　　　048
有节奏地精进，练就自己的"紫霞神功"　　　　055

03 第3章
机会关：让影响力与机会形影相随

为"被看见"负责，建立内外部的影响力　　071
恰如其分地自我营销，展现360°职场"她实力"　　081
主动构建人脉圈，在关键时刻获得他人的支持　　098

04 第4章
自信关：用信心为自己护航

解码自信，找到女性自信的根源　　119
说"我可以"，为自己赢得机会　　128
重塑自我，成为自信的职业女神　　133

05 第5章
自主关：始终拥有选择权

一切都是"我选择"，始终掌握主动权　　145
温和而坚定地说"不"也没有那么难　　156
积极面对冲突，做双赢的推动者　　162
挑起大梁或转身离开都是积极的选择　　173

目 录

06 第6章
磨砺关：积极面对不公与窘境

不做职场 PUA 的受害者	183
小心陷入职场性骚扰的旋涡	195
性别不应成为不公平的源头	203
最难的时候这样求助	207

07 第7章
突破关：职业瓶颈会成为伪命题

别让自我设限遮住天空	213
低起点也能进入大平台	217
既要事业又要家庭	221
35 岁之后继续保持黄金期	227
转型有一天会到来	233

第 1 章

▼

方向关：厘清方向画出路径图

抓住你内心深处
最自然的渴望

生命的选择很简单,抓住自己内心深处最自然最渴望的部分,这是你和世界建立关系的唯一甬道。
——梁永安,复旦大学中文系比较文学专业教授

有愿景和目标的人生不迷航

1. 一位女技术高管的故事

宁音曾在腾讯工作 10 年,是一名非常稀缺的 T4[①] 安全专家和管理干部。后来,她被老同学挖去自己创业的硬件公司做了三四年合伙人,出任过首席技术官(Chief Technology Officer,CTO)和首席运营官(Chief Operating Officer,COO),之后分别在两家民企担任副总裁、CTO。

她是一位资深的职业经理人,也是两个孩子的妈妈。

身为女性高管,宁音有许多女性视角的职业发展经验和故事可以分享,所以我约宁音做了一次面对面的访谈。当宁音穿着暗绿色的蚕丝长裙、披着及肩长发、抱着笔记本电脑微笑着走过来时,我很难把此刻精致的她与硬核的安全技术专家联系在一起。

对于宁音来说,她今天的职业成就和生活状态,是她曾经憧憬的吗?是什么动力让她不断地自我突破和成长?宁音分享了她的真实经历。

看似步步为营走向成功的宁音,其实也有过迷茫的时刻。

---

① 指代 T4-1 级别的专家。2020 年后启用了新的等级,T4-1 相当于现在的 T12 级。

通关：职场女性如何少走弯路

当年她高考没考好，被补录到新成立的北京师范大学珠海校区，不尽如人意的高考成绩困扰了她很长时间。幸运的是，她遇到了几位扭转她认知的老师。她看到老师们打破不利的局面，努力付出并取得好成果；她还看到老师们教书育人的投入和享受状态，体会到老师们为了帮助学生建立良好心智而付出的努力。这些经历，让她学会调整状态，拥抱新环境，并下定决心自己未来也要为社会作出有积极意义的贡献。

愿景激发了宁音的企图心，她开始为自己规划未来的路线。

她明白自己未来无法像周围的同学那样去创业，最主要的原因是自己没有创业者所需要的"有张力"的性格，所以她要踏踏实实学好本专业的知识，再依照兴趣辅修其他专业，为毕业后进入大平台奠定基础。

毕业后，宁音在深圳电信实业有限公司工作了两年，担任Java程序员。对数据分析的热爱和扎实的计算机专业知识，帮她拿到了腾讯的"入场券"。进入腾讯后，宁音一干便是10年，一步步晋升，而且一次性通过通道委员会的评审，成为公司安全技术专家。后来她希望能够打开视野，在经营管理上有一些新的尝试，于是在老同学的多次邀请下，从"大厂"跳出来加入中小企业，以全新的视角看待业务和管理，走上了她憧憬的"康庄大道"。

"为社会作点有意义的贡献"的信念和想要成为"职业经理人"的愿望带给她明确的方向感，成为她持续自我改善的动力。"充分享受每一段旅程"用在宁音身上再合适不过，她一路上遇到了许多欣赏她和给她提供机会的"贵人",为她的职业发展助力。

她说这些必须归功于早早明确的职业愿景,知道自己想要什么,期待去向何处。

2. 桑德伯格的愿景目标观

Meta 公司前首席运营官雪莉·桑德伯格(Sheryl Sandberg)是一位尽早树立愿景和目标的受益者。作为全球最成功的女性之一,桑德伯格的起点以及获得的职业成就是大多数女性遥不可及的,但她"建立长期愿景和短期目标"的经验值得学习。她在《向前一步:女性,工作及领导意志》(*Lean In*)一书中,阐述了梦想(愿景)和目标的两个核心观点:

第一,一个人的事业并不总是需要在一开始就做好十分周全的计划,因为在当前的就业环境下,我们通常不得不先接受当下能找到的工作,再稳步谋求发展。

第二,每个人应该同时确定两种目标:长远的梦想(愿景)和短期的"18 个月"目标。其中,长远的梦想(愿景)并不一定要特别具体,但是能反映大致的工作方向。短期目标则应当包括两个方面:根据自己和团队能贡献的价值而设定的工作目标;为了提升自己而设定的新技能学习目标。

这是桑德伯格从自己的职业经历中总结出来的经验,也是帮助她获得职业成功的关键要素之一。她的成功经验是我们可以借鉴的宝典,对于我们每一位有职业成就追求的女性而言,了解自己的愿景和目标,"以终为始"地持续前进,是通往职场成功之路的必要条件。

3. 理解职业愿景

职业愿景是一个人关于自己未来职业发展的明确愿望和目标,其中融入了个人的价值观和兴趣爱好。愿景的最大作用是指引方向,犹如位于港口最高处的灯塔,为黑暗中往来的船只提供指引。个人如果拥有明确的愿景和目标,就能够在面对困难和挑战时,保持前进的动力。

大部分人在步入职场初期,或者面临职场瓶颈时,并没有十分清晰的职业愿景,有的只是一种模糊的感觉或者某种理想状态。2016年底,我开始利用业余时间为职场人士、北大汇丰商学院MBA班和北大深研院的学生做职业发展方面的辅导,其中女性居多。在辅导过程中,我最常听到的声音就是"我要什么我说不清楚,但是不要什么我能列很多"。

形成这种状态的原因是多方面的,包括个人的性格、生活经历、教育背景和周围环境等。

第一,缺乏自我认知。有时候,我们没有充分地思考过自己是谁,以及我们真正看重的事情。这与我们在过去的成长经历中,缺失了对个人的自我认知、人生意义、梦想、使命方面的学习和探索相关。因为缺乏自我认知和自我了解,我们不清楚自己在职业上或生活中的目标。

第二,外界期望影响。社会和家庭的期望以及周围人的看法会影响我们的决定。有时候，我们试图满足别人的期望，却忽略了自己内心的渴望和需求。

第三，恐惧和不安情绪。对未知事物的恐惧和不安有时会阻碍我们明确自己的目标。我们害怕不确定性，害怕承担责任，害怕失败，这些都会使我们难以做出明确的决定。

第四，兴趣多样性。人总是有很多不同的兴趣和潜在的职业选择，这会使我们感到困惑，不知道该选择哪条路。我们希望尝试不同的事情，但同时也会因为不知道最适合自己的方向而感到迷茫。

第五，个人阅历限制。年轻人或者正经历角色转换的人，比如从学生转向职场人，还在不断探索自己的兴趣和目标。这时候我们还没有完全弄清楚自己的方向。

第六，缺乏信息和资源。如果我们没有足够的信息和资源来了解不同的职业、领域或机会，当然会感到困惑，不知道如何为自己设定目标。

愿景从模糊到清晰是一个探索的过程，会受到外部环境和自身心态的影响。史蒂芬·柯维博士在《高效能人士的七个习惯》中提到，"个人行为取决于自身的抉择，而不是外在的环境"。选择那些我们能够影响和改变的方面，就能让愿景变清晰，让目标变具体，而且"变清晰"这个过程，有方法可循。

双重探索,让"我要啥"变清晰

有些人很早就明确了愿景,占得了先机,但大多数人没有那么幸运,需要历经一番挖掘才能找到自己的"明灯"。

想要让自己的职业愿景变清晰,要从提升对自己的认知入手,因为它在个人可控的"影响圈"内。

在职业生涯辅导的过程中,我们会与被辅导者一起,通过一些工具和方法,帮助其更全面地了解自己,包括自己看重什么和兴趣所在。个人职业愿景是融合了个人的价值观和兴趣爱好的愿望与目标,在厘清价值观和兴趣爱好后,愿景的轮廓会变得清晰起来。

1. 你内心真正渴望的是什么

在荷马史诗《奥德赛》中,主人公奥德修斯带着人回家乡的路上要经过一个岛屿。岛屿上有非常动人的歌声,但这些歌声是女妖的魔音,会让水手们听后不由自主地驾船驶向岛屿,最后触礁身亡。今天,"女妖的歌声"依然存在,只是转变成了金钱、权力以及社会认同等种种令人难以抗拒的诱惑,它们使我们辨别不了内心深处的召唤,并诱使我们偏离自己的航线。

要让自己不受干扰,我们需要花一点时间来梳理自己内心真正的追求,即价值观。

第1章 方向关：厘清方向画出路径图

有愿景和目标的人生不迷航

这个世界资源有限，我们想要的却很多。面对这个矛盾，我们不得不经常做选择。在我们做选择时，内心会有自己的准则，将选择划分成最重要的、次重要的、不重要的，这就是价值观。也可以说，价值观就是人生中各种事物按重要程度的排列。例如，有的人认为家庭是最重要的，为了家人和孩子，可以放弃很多，包括事业；有的人则把财富放在第一位，在做选择时第一标准是收入和盈利。

价值观有两大特点。

第一，价值观比较主观，而且会变化。每个人的价值观都不相同，在一定时间内相对稳定，但会随着自己的需求和视角的变化而变化。例如,很多职场女性会在婚前把工作和事业放在第一位,但是结婚生孩子之后会有明显的转变,把养育孩子放在第一位,开始追求家庭和生活的平衡。这种变化非常普遍,也符合职业生涯不同阶段的需求规律,所以我们需要每隔一段时间就再次确认自己的价值观。

第二,价值观有激励作用。当我们确定自己的价值观后,内心会产生不可抑制的热情,一旦自己内在的价值观被激活,我们就可以在工作和生活中去实践,活出自己想要的状态。回顾宁音的经历可以发现,她对社会贡献的渴望一直是激发她努力的动力。

学术界有很多关于价值观的研究成果。与个人职业愿景最相关的,要属美国生涯辅导大师舒伯提出的 13 个职业价值观,如下表所示。

舒伯提出的 13 个职业价值观

职业价值观	含义
利他主义	我所从事的事情的价值在于能为大众的幸福和利益尽一份力
美感	我所从事的事情能让我不断追求美的东西,得到美感的享受
智力刺激	我所做的事情能够不断动脑思考,让自己可以学习和探索新事物,不断提升
成就感	我的工作能够不断创新,不断取得成就,得到领导、同事或客户的赞扬,或不断完成自己想要做的事情
独立性	我能够充分发挥自己的独立性和主动性,按照自己的方式、步调或想法去做,不受他人的干扰
声望地位	我所从事的事情在人们心目中有较高的社会地位,从而使自己得到人们的重视与尊敬

续表

职业价值观	含义
管理	我所从事的事情能够获得对他人或某事物的管理支配权,能指挥和调遣一定范围内的人或事物
经济报酬	我所从事的事情的目的和价值在于获得优厚的报酬,使自己有足够的财力去获得自己想要的东西,使生活更富足
社会交往	我所从事的事情能够使自己与各种人交往,建立比较广泛的社会联系,甚至能结识名人
舒适	主要指环境的舒适,希望将工作作为一种消遣、休息或享受的形式,追求比较舒适、轻松、自由、优越的工作条件和环境
安全感	不管自己能力怎样,希望在工作中有一个安稳的局面,不会因为奖金、涨工资、调动工作或领导训斥等提心吊胆、心烦意乱
人际关系	希望一起工作的大多数同事和领导人品好,相处时感到愉快、自然,做到这样就觉得很有价值,感到很满足
追求新意	希望工作的内容经常变换,使工作和生活显得丰富多彩而不单调枯燥

通常每个人都会有3~5项排在前面的价值观,我们称之为核心价值观,它就是影响不同的人做出不同职业选择的关键内因。

2. 令你感到享受的工作会是什么

当我们明确了自己的价值观后,并不一定能够直接产生职业愿景,还需要明确个人的职业兴趣,在了解不同职业特点后愿景才能清晰起来。

生涯规划领域的大咖古典老师说"好的人生,就是在自己热爱的领域努力地玩",这个"热爱的领域"就是你真正感兴趣的领域。请注意，这里用了"真正"两个字。有的人说喜欢插花，觉得很美，但是学习几天后觉得好麻烦而放弃了。那不是真正的兴趣，而是追求新鲜感。

在宁音的履历中，最长的一段经历是在腾讯从事安全管理工作。她说，在腾讯的那段时间工作量非常大，在高峰期，每天内部联络的 RTX① 上有 5000 多条要回复处理的信息。我问她，在要确保每天 24 小时安全不间断的领域里面，是什么让她坚持了 10 年。她告诉我 10 个字："我就喜欢，我真的是喜欢。"

真正的兴趣本质上是一种从感官喜欢到刻意练习做得很好，最终形成明确的方向并有强大动力去推动实现价值的状态。宁音就是这样一个例子，从喜欢做数据分析开始，不断精进，培养了精准发现问题和找到解决办法的专业能力，给自己带来持续的价值感。

"我不知道我喜欢什么"是被经常提及的困惑，对此，我们可以试着通过霍兰德职业兴趣来找到答案。霍兰德职业兴趣是生涯探索中的经典工具。霍兰德先生将所有人的兴趣归结为 6 个类别：R 实际型、I 研究型、A 艺术型、S 社会型、E 企业型、C 传统型，并用这 6 个类别组成一个六边形模型。我们可以把这 6 个类别用横轴和纵轴切分为 4 个大的维度，如下图所示。六边形中间横轴左边，代表兴趣与数据和材料相关，横轴右边代表兴趣与产生想法和观点相关。靠近横轴左边的 R 实际型、

---

① RTX：腾讯内部即时通信软件。

C 传统型和 E 企业型都对数据和材料感兴趣,而靠近横轴右边的 I 研究型、A 艺术型和 S 社会型都对产生想法和观点有偏好。

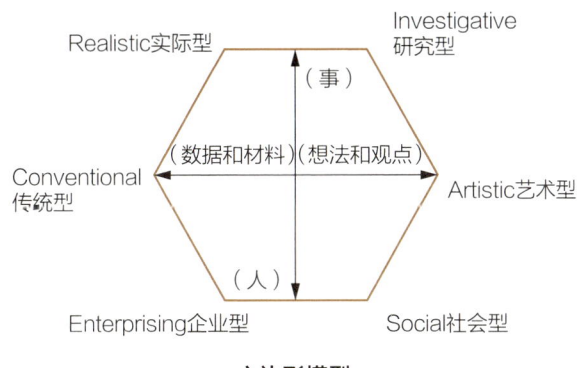

六边形模型

中间的纵轴上端代表对事物感兴趣,而下端代表对人感兴趣。也就是说,靠近上面的 R 实际型和 I 研究型喜欢关注事,而靠近下方的 E 企业型和 S 社会型喜欢关注人。因此,我们可以针对职业兴趣的六个类别和特点以及代表性职业做一个总结,如下表所示。

职业兴趣的六个类别和特点以及代表性职业

代码	特点	代表职业
R 实际型	务实的、任务和技能导向的,喜欢机械和实操,需要身体参与	机械工程师、运动员、美容美发师等
I 研究型	像个思想者,喜欢研究事物和探讨真理,喜欢做客观的分析,对抽象的概念很有兴趣,也喜欢独立工作,给人的感觉是略保守和冷淡	程序员、分析师

续表

代码	特点	代表职业
A 艺术型	像个创造者，喜欢美，富有想象力和创造力，性格敏感和喜欢观察	画家、作家、演员、设计师
S 社会型	喜欢和人打交道，但希望是热情和谐的，有比较好的人际技能，也愿意帮助他人	老师、心理咨询师、教练等
E 企业型	喜欢领导和影响别人，精力很充沛，保持斗志昂扬的状态，常喜欢树立远大目标	企业高管、销售、创业者、律师
C 传统型	喜欢稳定和安全，讲求实际，喜欢规则感，也倾向于保守，喜欢结构性和程序化的工作	公务员、行政、财务、审计

每个人都会有 2~3 个感兴趣的方向，但通常会有一个占主导地位的兴趣。如果想要对自己做一个正式的评估，这里推荐 2 个常用的测评链接——新精英：https://open.xjy.cn/main/ceping73_details；才储：http://www.apesk.com/holland/index.html。

需要强调的是，职业兴趣并没有好坏之分。兴趣只是代表我们在某些偏爱领域工作时，容易产生精神上的愉悦感，容易做出成绩。现代社会分工使人的能力朝差异化和多样化趋势发展，在每个领域中都有人做出了瞩目的成绩，也因此呈现给我们一个色彩斑斓的世界。

3. 有愿景画面感了吗

试探了内心真正的渴望和兴趣方向后，你脑中是否已经产生了一些关于未来的画面？更进一步，假如 5 年后，你朝着自己的理想一步步靠近，有一天被媒体争相采访和报道，试想一下，他们会如何报道你呢？

这样积极的想象称为"梦想策略"，能够帮助我们强化愿景的激励作用，加快前进的脚步。

如果依然没有很清晰明确的愿景，可能是因为你对不同职业具体工作内容缺乏一些基本的了解。你可以从主流的招聘平台、职业题材的影视剧和小说中去寻找答案。还有一个更直接具象的方法：在自己真实能接触到的职场环境中，找一位最具代表性的职业偶像，看看他或她的工作状态、日程安排、社交范围和取得的成绩，把这一切锁定为自己的愿景并据此设定更具体的目标。

‹ 思考与练习 ›

这是一个关于职业兴趣的非正式评估小游戏，你可以凭感觉粗略地判断自己向往的方向。

请准备好一张纸和笔，跟随下面这段文字的描述完成选择。

假设你有 7 天的假期，打算前往马尔代夫附近的一个新开发的岛屿群度假。旅行社经理向你介绍了他们和当地旅游局合作开发的新路线，一共有 6 个不同风情的岛屿，各有特色，需要你选择想去的岛。

通关：职场女性如何少走弯路

第一个岛是A岛。A岛上遍布着小型的美术馆和音乐馆，岛上的居民保留了传统的舞蹈、音乐和绘画艺术。岛上的居民很浪漫、自由，对美有自己独特的理解，没有规律可言，还经常给人惊喜。许多文艺界的朋友都喜欢来这里寻找灵感。

第二个岛是S岛。S岛上发展了一套别具特色的教育方式，社区自发成为一个服务网络，互助合作。岛上的居民个性温和，十分友善，且乐于助人。在这个岛上很少有竞争的情况，人们不需要干体力活，也不需要处理琐碎的事务。

第三个岛是E岛。E岛的特色是贸易很繁荣，到处是高级写字楼、五星级酒店、高尔夫球场，商业氛围浓厚，熙熙攘攘。岛上住着各行各业成功的商人、企业高管和精英，每个人都是精力充沛的样子。居民花很多时间在演讲、商业谈判等影响别人的事情上。

第四个岛是C岛。C岛十分现代化，有完整的城市管理体系，以完善的户政管理、金融管理建厂。岛上的居民个性冷静保守，做事有条不紊。岛上有一位很贤明的岛主，制定了明确的制度指引居民工作和生活，居民也很配合，再加上居民很自律，全岛呈现出一幅稳定发展的景象。

第五个岛是R岛。R岛上保留着热带的原始植物森林，有很大规模的动物园、植物园和水族馆。岛上的居民以手工见长，自己种菜、修缮房屋，打造器物。居民们大多处于独自工作的状态，相互间不太交流。他们致力于制造或者维修机器设备，世界一流的设备都产自那里，享有盛名。

第1章　方向关：厘清方向画出路径图

第六个岛是I岛。I岛比较偏僻，布满了天文馆、科学馆和图书馆。居民经常钻研数学、哲学等抽象的问题，大部分时间都在观察、学习和分析问题。当遇到问题时，他们总是能够提出合理的解决办法。很多科学家、哲学家以及心理学家到这里来交流。

了解了6个岛的特性，你觉得在哪个岛上度假最自在？你可以选择在3个岛上各停留几天。请你写下来：

最想去的是：_____岛，待_____天；

其次是：_____岛，待_____天；

最后是：_____岛，待_____天。

每个岛的代码都代表着一种兴趣方向。你的答案是什么？

当你有了答案后，请翻回到第13页，对照6种不同职业方向的偏好，你就会对自己的职业兴趣有所了解。

寻找职业偶像，为自己树立生动形象的目标

1. 回归自由

2023年8月，我从一家国际化的独角兽公司辞职，回归自己一直追求的自由状态。令我感动的是，我所在的团队在我离职这天悄悄为我举办了一场仪式感满满的欢送会：一条"漂亮宝贝不干了"的搞笑"网红"横幅、一个冰激凌蛋糕、各式各样的礼物，还有一张写满了每个人祝福的贺卡。离别自带伤感，但是总有爱你的人用心地给你留个念想。

现在，我的主要工作是为企业提供与管理和人才相关的培训，为团队提供教练辅导服务，具体工作以授课、轻咨询和工作坊为主。我很喜欢这种工作模式，一方面，我会在工作中接触到不同的企业、团队和个人，能保持视野的开阔。为了持续为客户提供有价值的服务，我始终保持着良好的学习状态。另一方面，我可以相对灵活地安排时间，在工作之余可以抽时间陪伴孩子，还可以为自己的修行功课腾出一点时间。

这种状态，是我10多年前所渴望的理想工作状态，是我那时候的"职业偶像"给我种下的"种子"，现在已经长成了小树苗。

2. 两位职业偶像

我先后遇到了两位职业偶像。

第一位是KK。当时我还在一家香港品牌家纺公司——卡撒天娇工作，那是我正式参加工作的第三年，职位是外贸业务员，和现在从事的工作毫无关系。KK是公司聘请的独立顾问，中国香港人，经常往返于英国、中国香港和中国内地。他会定期出现在公司，除了参加管理会议，还会为大家分享一些工作方法、团队合作等方面的内容。当时有前辈同事和我说"KK的意见你一定要认真听，全公司都很尊重他的意见"，我感到很好奇。而且，KK并不需要朝九晚六地待在办公室，工作时间灵活，他的分享和指导总能带给大家很多启发。

当时我就想，要是未来我能像KK一样就好了。

KK的工作要求他有良好的教育背景、深厚的专业积累、丰富的阅历和宽阔的视野。为了向KK看齐，我开始继续学习提升学历，先后转岗承担起董事长助理、人力资源管理等工作，并于3年后离开公司加入管理成熟的上市公司集团总部做人才管理的专业性工作，希望能够在一个领域里面增加专业的深度。

我的第二位职业偶像是Alice Law，我们都叫她罗老师。罗老师是我加入燃气公司后遇到的独立顾问。她是香港大学的博士，有多年大型企业高管和国际知名咨询公司顾问的工作经历，做过销售，也做过人才发展的专业管理，在香港、台湾、上海、深圳、广州等地工作过。已经50多岁的罗老师，看起来

通关：职场女性如何少走弯路

身材仍偏瘦小，但是眼光很犀利，声音不大，却常常一针见血地指出问题，哪怕是在年薪千万级别的首席执行官面前，也能收放自如地施加她的影响。

罗老师作为人才发展的独立顾问，为公司服务了 1 年多的时间。我很幸运，成为罗老师所带领项目团队的主要成员之一，在她的指导下推进项目。回想起来，那时候自己像块海绵，拼命地吸收知识和练"肌肉"。在罗老师的指导下，我学习李中莹老师的 NLP 系列课程，重构自己与自己、与父母、与他人以及与系统的关系。这些为我后来从事教练工作埋下了种子。

做人才发展工作特别有意义的地方在于，会有许多人因为参与人才培养项目而获得成长，不仅是技能，还有更重要的内在自我认知觉醒和突破。心智的成长像是"引擎"，掌握着职场发展的快慢，前进还是后退。相信许多在大公司里参加过人才培养项目的高潜人才都有过不同程度类似的体验。

KK 和罗老师的工作很相似，都是以独立自由的身份为企业提供管理上的咨询和辅导服务。他们具备多元的能力，通过培训、指导等多样的方式，在相对灵活的时间内为企业解决一些问题，还把这些能力在企业中内化。他们先后出现在我职业生涯的早期，在我头脑中描绘出理想职业状态的画像，在我心中树立起具象化的职业目标。尤其是罗老师，让我看到了女性成为独立顾问和老师的优势。所以后来每年我都会为自己设定一笔学习基金，用于参加一些专业技能或者心智启发类的课程培训，积累实现目标所需要的知识。

如今，我的理想工作模式"小树苗"还在长大，经过细心"浇灌"，未来它将长成可以遮风挡雨的"大树"。这是我自己关于"职场偶像"的例子，许多职场女性都有过类似的经验。比如我在腾讯工作期间的团队负责人 Kelly，在提到集团组织发展部某个人时，她会毫不掩饰地说："她是我的偶像，我很多技能都是向她学习的。"

❮ 思考与练习 ❯

请问问自己以下几个问题来锁定自己的职业偶像并向他学习。

1. 在我公司／单位里，谁让我很欣赏而且很期待成为他那样的人？如果这里没有，其他地方有吗？
2. 他成为今天这个样子经历了什么关键事件吗？他具体做了什么？
3. 他有什么突出的能力？他在各种情形中是如何工作的？

请想象，如果你有机会向你的职业偶像请教，然后回答以下问题。

1. 你如何做，他会愿意给你一些可行的建议？
2. 你现在所面临的困难，他会如何处理？

区分 wish 和 will，把目标变成有路径的彩虹图

在英语中有两个容易被混淆的单词：wish 和 will。

"wish"（愿望、希望）表示一种纯粹的愿望，不包含打算怎么做。"will"（愿意、希望、决心）则有两层含义，首先表示有一个意图，其次强调实现这个意图的决心。所以"wish"听起来像随便说说的想法，人们在自己心理上并不太在意它的真实性和能否实现；而"will"说出口更像在表决心，听的人更容易相信，并且愿意支持的人会提供帮助。

如果职业愿景仅有"wish"是做梦，插上"will"的决心和拆解目标行动这双翅膀，才能让美梦成真。

1. 从愿望到目标

把愿望变成目标，是一个让愿望从远到近、从模糊到具体的过程。为自己设置合理而清晰的长远目标以及短期目标，是精英们普遍的思维方式和能力。

哈佛大学在 1953 年做过一个著名的实验，叫作"目标威力"，这是一个关于目标对人生结果影响的跟踪调查，跟踪时间长达 25 年。教授对一群在智力、学历、环境等方面都相近的年轻人进行了关于人生目标的调查，结果显示，3% 的人有清晰的长期目标，10% 的人有清晰的短期目标，60% 的人目标模糊，

还有 27% 的人没有目标。25 年后，研究人员有如下发现。

3% 曾经有清晰长远目标的人，一直朝着同一个方向努力，成为社会各界的顶尖成功人士，如成功的创业者或者行业领袖。

10% 有清晰短期目标的人，他们的短期目标不断达成，成为行业专业人士，如医生、律师、公司高级管理人员等。

60% 目标模糊的人是典型的普通人，大多数能够安稳地生活，但是没有取得什么成绩。

剩下的 27% 没有目标的人大多数生活不如意，对社会和他人有很多抱怨，甚至有的需要靠救助度日。

这个实验揭示了目标感对于取得成就的重要性，让"目标效应"这个管理心理学的词出了圈。然而，在实际应用中，即使我们知道应该把大目标拆成小目标，把长期目标拆成短期、具体、可衡量的小目标，依然无法做好目标设置，或者制定的目标经常实现不了，其中一个重要的原因是我们缺乏制定合理目标的技巧和方法。

针对把职业愿景转变成具体的目标，有以下几个可操作的小技巧。

分析实现愿景所必经的路径，分别以 5 年、3 年、1 年以及半年为时间周期制定中短期目标。

在获得足够的信息之前，人们不一定能够很容易地分析出实现愿景的路径。这时需要找业内人士请教，了解他们的成功经验，尤其是要找到你想成为的那个职业偶像，从他那里获得最直接的经验和建议。

通常而言，已经取得成绩的前辈很乐意帮助真诚向他们请教并且积极反馈的人。因此，在请教前辈前，需要认真地做一些功课，例如先在网络上查询一些相关的知识，带着自己的疑问去请教。

根据 SMART 原则来设定目标

SMART 原则是管理学中一个很重要的目标管理法则，强调了设定目标应当遵循的 5 个原则，也适用于个人规划管理。

SMART 中的 5 个字母分别是 5 个英文单词的首字母缩写。

S（Specific）是指目标要明确和具体，具体到要完成的事项，而不是笼统的描述。例如：

- 笼统的目标：提升能力
- 具体的目标：提升公众演讲和文案写作能力

M（Measurable）是指目标要能够被量化，即能够通过数字指标或者明确的方法来衡量是否完成。例如：

- 不可衡量的目标：减肥
- 可以衡量的目标：体重减少 5 千克

A（Attainable）是指目标是能够实现的，而不是好高骛远或不切实际的。

为自己设置多高的目标需要根据自己现有的能力、条件和对未来一段时间内可能出现的变化的预测来判断，尤其是短期目标，应当满足"跳一跳够得着"的标准。如果设定的目标超出能力范围太多，容易打击自信心甚至让人提前放弃，更糟糕的是容易使人在心理上产生对"目标感"的免疫，形成"定不定目标也就是那样，定了也完不成"的想法。但是，也不要设置太容易实现的目标，因为太容易实现的目标会让人缺乏成就感从而失去兴趣。

R（Relevant）指目标应当是与公司、团队以及自己的规划相关甚至一致的，以避免把精力浪费在价值不明确的事情上。

比如你的长期愿景是成为一名营销领域的资深专家，但是你给自己设定了3年内掌握一门小语种的目标。掌握小语种和成为资深的营销专家之间并没有必然联系，因此"3年内掌握一门小语种"不符合这条相关性原则。

T（Time-bound）指有时间限定。

任何有效的目标都要有一个明确的时间限定，例如"截至2024年6月31日，掌握视频剪辑的技能"。

遵循SMART原则而设定的目标，比笼统的随意设定的目标更加科学而且更容易实现。

"力出一孔，利出一孔"是华为公司一直强调的管理哲学，来自任正非2013年的新年献词。资源从来是有限的，需要将所有的资源集中于最重要的方向和任务上，最终实现大家共同的利益。对于个人而言，时间和注意力是最核心的资源，把时间花在哪里，成果就会相应在哪里产生。

因此，同一时期内设定的目标不宜超过3个，目标与目标之间有一定相互支持作用最佳，如果难以做到，就优先把握好目标的总量。

例如，小 A 同学给自己设定的年度目标有 3 个：

在年底晋级时，职务晋升一级；

考取 PMP（项目管理证书）；

结识 3 位自己领域内的牛人前辈并且维护好互动交流的关系。

小 A 设定的这三个目标相互独立但目标之间有支持关系。第 2 个目标和第 3 个目标对第 1 个目标的实现有帮助，第 3 个目标对于第 1 个目标和第 2 个目标能够提供指导作用，反过来，第 1 个目标的完成也有利于第 3 个目标的达成。

2. 从目标到行动

如果说目标是靶，那箭击中靶心所经过的"弧线"就是行动。明确目标之后，我们需要做的是根据目标制定能够落地执行的计划，以确保目标不会躺在纸上，而是成为我们迈向远方愿景的阶梯。

为了实现个人的发展目标，在企业的人才发展管理工作中，通常会要求每一位发展对象制定一份详细的行动计划。行动计划一般要列出围绕目标的关键任务，并设定完成标准、时间节点和责任人等，是一个非常重要的业务管理和个人管理工具。个人发展行动计划以实现个人愿景和目标为目的，需要我们做一些准备工作，拆解出关键任务和所需要的能力以及心态。建议行动计划包含以下九个方面。

长期愿景：未来长期职业愿景，例如"10年后成为一位大师级企业教练"。

中期目标和短期目标：根据长期职业愿景拆解出中期目标（5年或3年）和短期目标（1年或半年）。

关键任务和预期结果：拆解目标后，确定必须完成的任务及每个任务要取得的结果，相当于列出要实现目标必须做出的行动。

刻意锻炼能力：需要通过刻意锻炼提升对实现目标非常重要的能力。

发挥优势：发挥自己的优势。

终止短板：对于自己存在明显不足且对结果很关键的方面，要立刻做出改变。例如，你习惯于被动和等待，缺乏主动争取的积极性，就可以将其列入要终止的短板中。

学习新知：补充要学习的新的知识。

拓展资源和关系：确定为了实现目标需要链接的人和需要维护的关系。

信念与心态：在实现愿景目标过程中需要坚定的信念和良好的心态。比如"没有不成，只有不想"是信念，"把每一次挑战都当作提高的机会"是心态。

这份行动计划通常以年度或者半年度为周期更新，除了前两项，其余各项都可以围绕短期目标来填写。其中"拓展资源和关系"可以参考第3章的"主动构建人脉圈，在关键时刻获得他人的支持"中的建议填写；针对"发挥优势"这个部分，

通关：职场女性如何少走弯路

可以在第 2 章的"识别自身优势，打磨成为那颗最亮的星"中找到方法，帮助自己识别优势后再填写。

通过可视化的图片框架来呈现这个行动计划，可以在我们的头脑中留下深刻的印象，增加我们行动的动力。结合美国 Grove Tools 公司的视觉框架图，我设计了一张"愿景行动彩虹图"，以视觉化的框架来呈现自己的行动计划。下图是一位招聘经理的愿景行动彩虹图，为我们提供了一个参考示范。

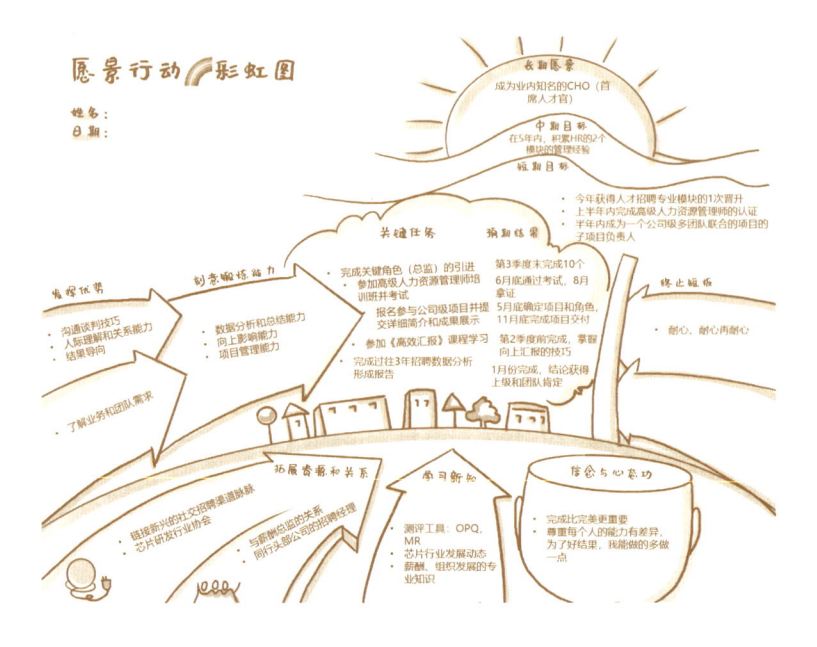

第1章 方向关：厘清方向画出路径图

〈 思考与练习 〉

请画出你自己的愿景行动彩虹图。

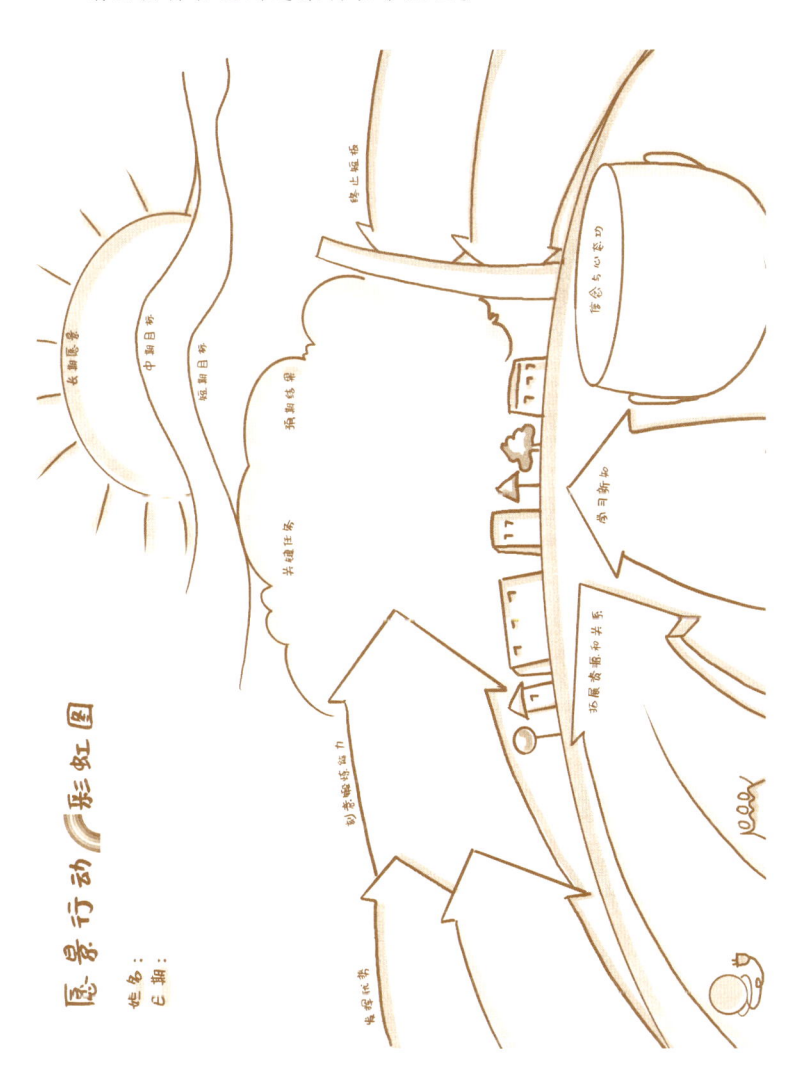

第 2 章

能力关：打磨能力出成果方显真实力

支棱的底气 靠的是实力

我相信我们应该关注候选人的能力和潜力，而不是他们的性别或背景。

——玛丽·巴拉（Mary Barra），通用汽车公司首席执行官

我们每个人都拥有一种独特的天赋，重要的是找到它，然后全力以赴。

——梅琳达·盖茨（Melinda Gates），美国慈善家和社会活动家

全力"做出来",让想法开花结果

2018年Carie以本科毕业生的身份加入一家知名的跨境电商公司,现在已经是其中一个硬件产品团队的负责人,职位是产品总监。这种情况在这个行业里比较少见,因为产品总监是非常重要的岗位,大多数至少要有8~10年的工作经验,尤其是在行业头部公司。

我当时因为需要招聘产品总监,经朋友推荐认识了Carie。我们约着在咖啡馆聊一聊。我对她的火箭上升速度非常好奇,很想跟她多交流一些。Carie整个人透露出很直接和干练的气质,她会在我们交谈后很直接地询问反馈,比如她会问:"你觉得我怎么样?符合你们的要求吗?你觉得我哪里可以做得更好?"她的思维很活跃,尤其是在介绍自己做出成功产品的经历时,语速很快,逻辑很清晰,还不时地总结一些观点。和她聊天,我有种"怪不得"的感叹。

于是,我问她:"从你的简历看,你的晋升速度很快,这是为什么呢?"

用她的话来说,关键要素有以下几个方面。

● 她很幸运,遇到了愿意给她机会的"伯乐",而且遇到了风口。

她是校招时经过几轮面试加入公司的,应聘到产品部门,

通关：职场女性如何少走弯路

又分到了一个业务能力强的小产品团队中。组长业务熟练，给予她很多指导，团队里面的专业导师也毫无保留地指导她。

尽管她把这归结于幸运，但是我知道这背后一定有她积极向上的态度和良好的人际沟通能力。

● **她经常复盘并且很乐意把这些思考跟团队其他成员分享。**

复盘可以锻炼她的洞察能力和逻辑推理能力。最重要的是，她经常把这些经验和发现分享出来，无形中帮助大家少走了弯路，这样她在推动项目合作的过程中，很容易获得大家的支持。

● **她会主动向上级和导师询问她要改善哪些方面或者提升哪方面能力，收到反馈后，她会立刻练习，尤其是在产品思维和市场洞察方面下苦功夫。**

● **她有不达目的不罢休的精神，但凡她负责的工作，都能有一个好结果。**

她是上级最愿意信赖和托付的团队成员。一个又一个的成果累积起来，就会让她脱颖而出，获得更多的机会。

听完她的分享，我更加确信 Carie 是一个善于思考、学习能力强，而且善于利用周围资源的人。她能够快速成长，除了天赋和努力，还有来自上级和导师的帮助"加持"，少走了弯路。从企业组织选人的角度看，她完全符合"高潜人才"的标准——学习能力强、好奇、自驱、结果导向、善于沟通、意志坚定，如果再有一些外部支持和辅助的话，她的光芒必然让她不会泯然于众。

第2章 能力关：打磨能力出成果方显真实力

出于多方面原因，她没有加入我们，但是她作为飞速成长的职场女性代表，成为我们在人才发展中研究的标杆，为培养新人提供了教科书式的案例，也算是另一种形式的"缘分延续"了。

从想法到成果的快乐，超出你的想象！

不以结果为导向的公司，只能算是陪跑团。任何一家要发展和有未来的企业，都是追求结果和实现目标的组织。正如管理学之父彼得·德鲁克所说的，如果企业没能创造经济成果，就是管理的失败。所以，在企业管理中，从员工入职的第一天开始，就要通过有形无形的方式向员工灌输结果导向的理念。

结果的达成源于多方面因素,包括自身的努力,也包括外部其他支持条件。这里的"结果"一般与部门或者团队大目标相一致,可以是阶段性的,也可以是最终的。作为职场女性,如果在心中种下**"用结果说话"**的种子,并且付诸实践,相对于同等条件下缺乏这种意识的职场人士而言,更容易取得成功。

原因有三个方面。

第一,有助于养成良好的职业习惯,形成职业化的素养。

在我访谈的女性高管中,不论是她们自己的经验总结,还是对于她们愿意培养和给机会的下属,都提到了对"结果导向"和"有成绩"的重视。"用结果说话"是典型的理性思考方式,对于大多数"感性思维"更占优势的女性来说,这一点值得特别注意。

第二,让职业晋升更具说服力,减少阻力。

当这种"以结果说话"的思维方式形成后,会让人更加积极地付诸行动,从而形成事实性的成果。事实总是胜于雄辩,所取得的结果可以成为我们晋升的有力依据。

第三,提升女性在职场当中晋升的公平性,降低出现职场谣言的风险。

在职场中,会有这样一种现象:当某位女性职员快速获得晋升,或者被男性上司重视之后,关于"她和某男领导有关系"的谣言会像病毒一样在同事间传播。在企业中,通常晋升机会有限,但希望晋升的人员数量众多,即便企业设有管理和专业技能晋升的双通道,组织层面也会控制一定的晋升比例来减少头衔的"通货膨胀",保障组织的效率和成本的合理性。在这种"僧多粥少"的竞争情形下,人性的黑暗面很容易被放大,关于"借助关系上位"的谣言很容易成为"合理性解释"。

取得事实性的成果,是让这方面谣言不攻自破的最有力武器,同时也使得女性在晋升的竞争中得以被公平对待。

事实性的成果相当于"功劳",过程中的辛苦付出则是"苦劳",也许是无数个夜晚伏案敲键盘、写材料,也许是"跑断腿"的客户拜访,等等。尽管在真实的职场中,很少有非黑即白的二元对立情况,也不存在"只看功劳不看苦劳"的绝对性,但是在职业发展路上,"苦劳"打的是感情牌,可以赢得掌声,代表着结果的"功劳"才是王炸,能够最终赢得"奖牌"。

如果你还在感叹自己付出很多却不被重视,不妨先把注意力聚焦在如何取得结果上。

理解人才四角，看清组织选拔人才的关键

想要在企业组织中获得良好的发展机会，首先要了解企业在选拔人才时会考量什么，有什么标准，就像找到规律一样，可以帮助我们少走弯路。

1. 企业选人有标准

特斯拉和 SpaceX 的创始人、被称为硅谷"钢铁侠"的埃隆·马斯克（Elon Musk）曾公开说："**我喜欢在一起工作的人聪明、有野心、自驱力强，而且他们真的在努力做事情**。"这代表了这位全球富豪榜名人和著名企业家的选人理念。聪明属于能力，有野心属于个性，而自驱力代表的是一个人成长的原动力，这三个方面正好是各大企业选拔人才的考察维度。不同企业的选拔标准会根据自身的文化特点而有所不同，但总的来说可以归结为五个方面：**能力、价值观、个性特质、动机和绩效结果**。

前四项是基础，第五项是在前四项基础上产生的结果，用一张模型图来表达会更直观（见下图）。

不论是招聘新人还是内部选拔人才进行培养，都会依据这五个方面对人员进行详细的考察和筛选。

第2章 能力关：打磨能力出成果方显真实力

```
        能力
价值观  绩效结果  个性特质
        动机
```

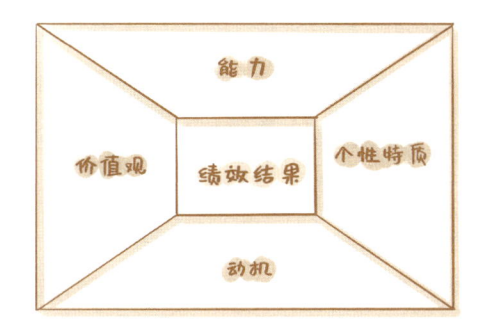

我 10 多年的工作经历都与人才的选拔和培养相关，其中以企业内部人才的识别和培养发展为主，还承担了部分人才招聘的工作。在人才识别过程中，为了使判断更加准确，我们会使用专业的人才测评工具做辅助，请目标人选完成测评并从报告中分析他们是否符合引进的条件，是否具备培养的潜力。我接触或者使用过的人才测评工具比较多，有国际性的，比如 Konferry、SHL 和 Hogan 的测评等；有的来自本土自主研发平台，比如北森和倍智。测评工具分为能力类、个性特质类、动机类和管理潜质类等。各大平台的人才测评工具通常以"组合拳"的方式来多维度评估一个候选人，其背后有一个共同的理论基础和底层逻辑，即"冰山理论"。

"冰山理论"是选人用人素质模型背后的框架，由美国著名的心理学家大卫·麦克利兰（David McClelland）在 1973 年首次提出，现在已经在人才管理领域得到广泛应用。说起来，这项研究还和美国政府对外交官的选拔有关系。20 世纪六七十年代，美国政府发现在外派海外的外交人员中，越来越多人的

通关：职场女性如何少走弯路

工作表现不及预期，为解决这一问题，美国政府聘请麦克利兰教授开展外交人员选拔项目。经过研究，麦克利兰教授发现以往对外交人员的选拔主要考察学历和智商，很少关注外交人员的软性素质，比如抗压能力、适应能力、多元文化理解能力等。因此，在之前的对知识、学历等显性要求之外，麦克利兰教授新增了隐性素质方面的要求，并正式提出"冰山模型"。

麦克利兰教授发现，预测一个人在工作中的绩效表现，要看一个人更根本的潜在因素，而不仅仅是现在已经取得的绩效成果，这些更根本的因素是一个人不易被别人所察觉的素质，包括个人的社会角色、自我形象、价值观、个性特质和动机等。一个人的整体素质描绘出来就像一座冰山，水平面以上是容易被看到的知识和技能，而水下隐藏着的素质往往起更大的作用。后来美国学者莱尔·M.斯潘塞和塞尼·M.斯潘塞博士（Lyle M. Spencer & Signe M. Spencer）对麦克利兰教授的冰山理论做了整合，形成了今天我们常见到的"冰山模型"（见下图）。

从这张"冰山素质"图中可以看出，前面提到的企业选拔人才的主要维度都在其中，针对不同的层级和岗位类型，企业会在这个考量框架下细化标准，千岗千面，具体问题具体分析。在这样多方面的选人框架下考量一个人才，势必会大大提升判断的准确度，决定这个人是否适合或者有无培养潜力会理性得多。

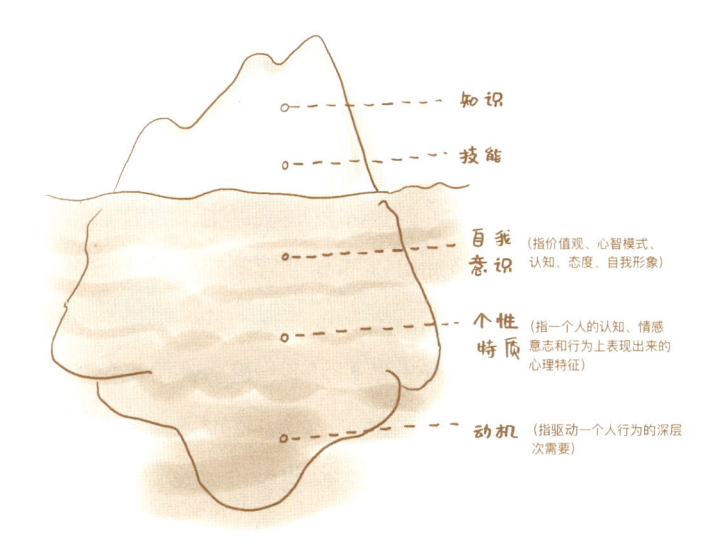

第2章 能力关：打磨能力出成果方显真实力

```
                    ○------ 知识
                    ○------ 技能
                    ○------ 自我    (指价值观、心智模式、
                            意识      认知、态度、自我形象)
                    ○------ 个性    (指一个人的认知、情感
                            特质      意志和行为上表现出来的
                                     心理特征)
                    ○------ 动机    (指驱动一个人行为的深层
                                     次需要)
```

2. 个人能力

冰山水面以上的部分可以简单理解为能力，一般包含了一个人所掌握的知识、技能，也包含一个人的聪明程度，用一个专业术语来说，就是"认知能力"。认知能力在很大程度上代表了一个人的学习能力，可以判断一个人学习新知识和掌握新技能快还是慢。

通常，对人才招聘很严谨的大型企业会使用专门的测评问卷来评估候选人的认知能力。这些问卷与公务员考试中的行政能力测验很类似，测评的题目主要包括基本的数量关系、判断推理、资料分析等方面。认知能力的评估多用在应届毕业生和工作经验不超过 5 年的候选人筛选中，高阶职位或者要求工作

041

经验丰富的职位的人才选择一般较少使用这个测评，因为高阶职位的候选人能做到这个位置已经不需要再证明自己的聪明程度，而对于在专业领域有了深厚积累的候选人，也可以通过专业能力的考察而了解。

有趣的是，在我做过的人才发展项目中，那些工作时间长的候选人，哪怕是总经理级别的高级管理岗位的储备人才，不论男女，在认知能力的测试中表现都很一般，甚至有的得分低于平均水平。后来我们分析发现，不是这些高阶岗位的候选人不够聪明，而是他们已经脱离了"考试"很久，对逻辑和推理类问题的做题技巧已经很生疏。反而是"刷题"经验丰富的年轻人，很容易就可以得到高分。这说明，认知能力也可以通过一定的方法和集中时间的刻意练习而提升。

站在企业的角度，能力除了最基本的认知能力，还包括专业能力、通用能力和管理能力。 专业能力是指胜任某个岗位要具备的专业知识和解决问题的能力，例如财务不同模块的知识和实操能力、产品经理的产品规划能力、研发人员的技术水平等。通用能力一般指职场中所需的职业素养类能力，例如沟通能力、逻辑思维能力、演讲能力、谈判能力、人际互动能力等。管理能力是针对管理者而言的，笼统地说是管理干部的管事和理人能力。有研究表明，女性在沟通表达、人际互动方面自带天赋，是基因使然，这也是在人力资源、公共关系、市场营销等职业中，取得突出成绩的女性非常多的原因。

**总的来说，能力范畴内的内容，包括知识、技能，都可以训练和培养。如果你对自己的能力不是很有信心，别担心，只要找准目标后做刻意练习就能达到显著的提升效果。本章第 4 节将会详细讲解如何提升职场中必备的核心能力。

3. 价值观

价值观在冰山水面下的第一层，是"自我意识"的核心内容。价值观代表的是一个人在做选择时的考量依据。站在企业组织评估人的角度，考量价值观更侧重于评估一个人的价值观与公司文化是否匹配，例如是否正直、诚信、具有客户意识等。这与一个人是否会维护或侵犯公司和他人的利益相关，也关乎一家企业所呈现的文化，也就是我们常说的"味道"。

对人才的价值观评估一般会在外部人才招聘的面试中体现。比如我们会在面试环节中，刻意设置一些挖掘典型事件的问题，用于了解候选人的价值观。以下是一些常被用于考察价值观的问题示例。

- 请说一说您曾经在困难的条件下怎样从事工作（比如时间紧迫、竞争压力大或是存在相互矛盾的工作要求）。压力来自什么地方？您是怎样处理的？

- 请举一个例子说明别人都不愿意做的某件事您却愿意做。请说明一下当时的情况：为什么没有别人愿意做？你为什么做了？回顾一下，你当时是否有别的选择？

- 举一个例子说明您曾对某一项工作的质量负责。您怎样决定什么是"质量良好"？您怎样确保高质量的成果？

- 您最引以为豪的成就是什么？为什么？

4. 个性特质

我们对个性一定不陌生，有个娱乐节目把 MBTI（迈尔斯—布里格斯类型指标，是一种人格类型测评工具）带火了，经常能听到"我是 I 型人"（我是偏内向的人）、"我是 E 型人"（我是偏外向的人）这样的个人介绍。内向和外向就是性格中的特点。此外，乐观、理性和诚实等特质都属于性格的一部分。在素质的冰山模型中，个性特质处于水面下第二个层次，心理学上对个性特质的定义是一个人相对稳定的行为、情感和思维模式。我们今天所表现的个性特质，受父母的遗传和个人的成长与教育环境影响，不容易被改变，因为遗传基因起到了将近 50% 的决定作用。

个性特质本身没有好坏之分，在职业发展中也只是看适合还是不适合。因为每一种个性特质都像硬币一样拥有两面：**有能给自己带来有利影响的一面，也有带来不利影响的一面，关键在于是否被放在恰当的位置上**。例如，一个性格偏内向，喜欢独处和思考，不喜欢与人打交道的女生，被安排在需要大量与客户沟通和协调的客户经理的位置上，势必每天如坐针毡。同样，一个性格外向，喜欢社交，习惯于公众场合演讲表达，有很多奇思妙想的女生如果每天都坐在办公室里对报表，也很难找到工作的快乐。

正是因为个性特质比较稳定，不容易改变，所以企业通常会选择个性匹配的人来担任相应的职务，而不愿意花费精力来调整人的性格特质。对我们的启示是，选择适合自己个性特质的工作方向，比调整自己的个性特质有意义得多。

5. 内在动机

著名的商业思想家、畅销书作者丹尼尔·平克写过一本畅销全球的书——《驱动力》，讲述了真正能够持续激发人们积极性的因素——人们的内在动机，指出它是"想要主导自己的人生、学习并创造新事物，通过自己以及我们的世界做得更好的内在需求"。这本书推出后，被翻译成40多种语言，位列《纽约时报》《华尔街日报》头版，同时受到国内许多企业家和高管的喜爱。也是这部著作，让企业管理者对"动机"更加关注，让很多人力资源管理者重新思考如何在自己的公司里建立激发内在动机的文化和机制。

动机在素质的冰山模型中处于水面最底下一层，是推动一个人采取行动最深刻的原因。麦克利兰教授花了大量时间来研究人的动机和成功之间的关系，发现人们对于成功和成就的需求是影响行为的关键因素。他把人们的动机分为三种类型：**成就导向型、权力导向型和从属导向型。**

- 成就导向型的人喜欢追求具有挑战性的目标，渴望获得成功和认可；
- 权力导向型的人喜欢影响和控制其他人，喜欢寻求权力和影响他人的机会；

通关：职场女性如何少走弯路

- 从属导向型的人追求亲密的人际关系和社交联系，强调合作和互动。

有研究显示，对于追求职场发展的女性而言，追求提高职位、薪资增长、获得专业认可以及经济独立是排在前列的动机，也是成就导向型的表现。成就导向是具有自驱力、职场发展良好的精英身上所呈现的共性。如果你也是成就导向型的员工，按照马斯克的用人偏好，很可能成为他喜欢一起工作的成员之一。

企业在了解了员工的动机之后，可以有针对性地采取相应的激励方式。对于个人而言，了解自己动机的意义是选择适合自己的工作方向和工作环境。例如，如果自己是从属导向型的人，要避开高竞争性或高人际冲突的岗位，例如销售、风控等。

最后一个维度是绩效结果。绩效结果是一个周期性的事实结果，也是职场人普遍熟知的内容，毕竟每年、每半年、每季度，甚至每个月都在接受绩效评估，所以在此我们不再花费篇幅讲述。

对企业组织选拔人才的维度有了全面的认知后，我们可以有的放矢地做好应对的准备，成为公认的实力派。

〈 思考与练习 〉

1.请你对照发展目标，比如想要晋升的某个职位，或者看重的某个机会，试着用"人才四角"来做一次自我剖析。你的答案会是什么？面对这个发展目标，你有优势吗？

2. 请填写在每个格子中。这个练习可以帮助你全面收集信息，寻找差距和确定提升的方向。

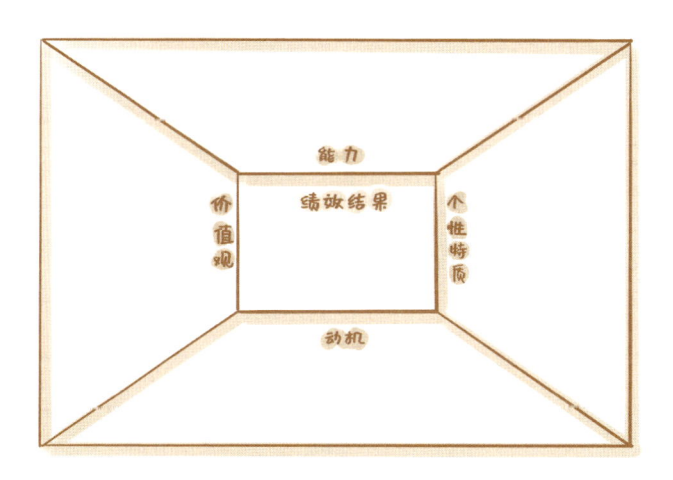

```
          能力
  价值观  绩效结果  个性特质
          动机
```

识别自身优势,打磨成为那颗最亮的星

1. 放下取长补短的执念

你有没有这样的经历?某位同事像社牛,跟谁都能打成一片,感觉有很多朋友,而你遇到第一次见面的人总是慢热,不知道说什么好,显得很社恐的样子。于是你下定决心,把精力重点放在训练自己与人互动上。

在会上看到别人主持时,妙语连珠,幽默风趣,很有魅力,而你不擅长公开发言,尽管这不是工作中必需的,你还是暗暗决定花时间来补足自己这一块的能力,好让自己看起来更全能。

你看到同事每听完一场分享会,就会画一篇图文并茂的视觉笔记,得到团队的赞美,而你感觉拿笔画画堪称手残,但是你觉得这个视觉笔记的技能很酷,于是找同事推荐学习资源,打算恶补一下视觉笔记的技能。

这让我想起我们的学生时代,总是努力追求门门考高分,德智体美劳全面综合平衡发展。但是,如果步入职场的你还是这样的话,你要小心自己是否掉进了"取长补短"的陷阱中。学生时代尤其是中小学时期,需要打好基础,但进入职场之后要靠优势能力取胜。

管理学中有个著名的"木桶原理",是说一个团队就像一个

由多块木板拼接起来的木桶，这个桶能装多少水取决于最短的那块木板，所以要提升所有团队成员的整体水平。但是放在个人职业生涯中，木桶原理并不适用。在如今的职场中，能获得更多机会、发展得更好的职场人士是具有综合能力和宽广视野的"π"型或"T"型人才。

π和T的一横代表一个人的能力广度，竖代表一个人在某个领域的深度。例如，一位女工业设计师，熟练掌握了工业设计的技巧和软件应用，同时对消费电子产品如耳机的结构和原理有很深刻的理解，就已经具备了π的"两条腿"。如果这位设计师还具备良好的项目管理能力，熟悉消费电子产品从概念到生产再到上市的全流程的话，就成了极具市场竞争力的π型人才。

如何成为π型或T型人才呢？先画横还是竖？

更易出成绩的方式，显然是先画竖，并且是在自己有优势的方面勤学苦练，把竖画得又直又粗，让自己在这个垂直领域中成为佼佼者。当你拥有一项或者两项堪称专家级的专业能力之后，便会获得更多关注，从而获得机会。然后你再花精力做能力拓展，把"横"画出来。这需要你暂时放下过去长期形成的"补短"平衡发展的思维，转向识别优势和善用优势。

这里不是说要无视自己的弱点，而是要策略性地避开弱点，扬长避短，腾出手来把主要精力用于磨砺优势。具体的做法各有不同，有的是选择放弃自己不擅长的部分，有的会找一位互补的搭档。如果某些弱点是工作中绕不开的，也要想办法控制弱点，将其提升到不拖后腿的水平。这就是古典老师常说的"一专多能零缺陷"的策略了。

2. 识别自身的优势

什么是优势？你能清楚地说出自己的优势吗？

答案很可能是否定的。管理大师彼得·德鲁克也曾说："大部分美国人不知道自己的优势何在。如果你问他们，他们就会呆呆地看着你，或文不对题地大谈自己的具体知识。"在我接过的职业发展主题的教练或辅导案例中，有90%以上的学员都无法准确地描述自己具备什么优势。当被问及优势时，他们常发出这样的感叹："感觉自己太平庸了，没有什么优势可言。"其实，未经深思就对自己做出这个定论是错误的，因为每个人都具备独特的天赋，区别在于有没有被用心发掘和认真对待。

优势是指我们表现突出，并愿意经常表现的方面。在全球被广泛推广和应用的盖洛普优势理论中，对"优势"做了十分明确的定义：做某件事的持续的近乎完美的表现。优势由知识、技能和才干构成。才干这个词在中文语境中不常出现，是从英语单词 Talent 翻译而来，可以理解为天赋，是与生俱来且不易改变的特性，比如谨慎、体谅他人、对数字敏感等。在知识、技能和天赋中，对一个人形成优势影响最大的是天赋，因为天赋能够让人更容易掌握和应用与之对应的知识和技能，而且持久。了解了自己的天赋或者才干之后，有针对性地学习相关的知识和刻意训练相关的技能，就会形成这方面的突出优势。

如何发现自己的天赋以便发展成为优势呢？推荐以下几个方法。

自我整理：回顾自己从小到大的经历中，有什么事是自己比别人更轻松、更省力就可以做到而且做得很好的，把这些事情列出来，然后分析这些事情所体现的自己的天赋。

比如，在我的小学时代，教育条件很差，任课老师都是初中毕业的代课老师，普通话还讲得不太利索。我因为提早2年上学，在小学阶段一直以旁听生的身份完成课程的学习。在我上三年级的时候，一次语文课上，老师请每个同学朗读一篇课文，我在没有练习和准备的情况下，站到讲台上声情并茂且流畅地完成了任务，我是当时唯一获得老师表扬的朗读者。这件事情虽然过去了30多年，我依然有非常深刻的印象。上高中之后，语文老师给全班布置了一项任务，要求每位同学轮流扮演老师，每天给班级同学讲15分钟的语文课。那一次，我讲了一道题，讲解效果很好，语文老师很惊喜，后来还在校报发表文章时提到了这件事。我用这么早的经历来举例，是因为那是未经过训练和指导的表现，更能体现天赋的意义。

从这两件事中，我得出一个结论——我在演讲和授课方面有一点点天赋，如果加以系统学习和刻意练习的话，这些方面会成为我的优势。事实上，我现在的工作中有很大一部分职责是授课，且每次都能获得很好的反馈，这也是天赋使然。

他人反馈：可以找很熟悉自己在工作中表现的同事、上级、合作伙伴征询反馈。请他们根据对你的思考方式、行为表现、

通关：职场女性如何少走弯路

不同场合中的状态和效果的观察，告诉你他们看到的你所呈现的强项。然后再对这些强项做分析，找出自己很轻松就可以做得比其他人好的事情，这代表着自己的天赋。

你可以向周围的人按顺序提问下面的问题，如果对方不好回答，可以跳过。

● 我想要梳理一下自己的优势，你对我比较了解，可以请你给我一些反馈吗？

● 根据你平时对我的观察，你觉得我和其他同事相比，有什么明显不一样的地方吗？请举例说明。

● 你看到我有什么强项是比其他同事表现得更突出的？能举例说明吗？

● 如果你要选一个搭档跟你一起完成某个任务，你会因为什么而选择我？你认为我在哪些方面可以帮到你？

● 如果请你用一些词或者句子描述我，你会如何描述？

优势测试：可以通过成熟的专业优势测评来找出自己的天赋优势。目前应用比较广泛、数据库庞大、被公认为专业的优势测评工具是克利夫顿优势识别器（Clifton Strengths Finder）。这是一个在线的个人才干测评，可以鉴定一个人在哪些方面有潜力建立优势。这个测评由全球以调研和民意预测而出名的盖洛普公司推出，其结合30多年的理论和研究基础以及个人访谈，总结出了34个优势主题，通过将近180个在线问题，帮助参与者找出自己前五位的主题优势。目前，国内已经有很多专注于做盖洛普优势测评和解读的咨询公司或者团队在

第2章 能力关：打磨能力出成果方显真实力

为大家提供服务。

如果你想要正式地了解自己的天赋主题，可以通过这个官网来购买和完成测评：

https://www.gallup.com/cliftonstrengths/zh/254027/strengthsfinder.aspx。

天赋或者才干相当于一块璞玉，未经雕琢不能成器，这个"雕琢"就是刻意练习。经过有效的学习和打磨形成优势后，你才能成为"天空中最亮的星"。

除了识别自己独特的优势，别忘了关注女性在生理上和心理上具有的普遍性优势。在生理上，女性的大脑边缘系统比男性发达。大脑的边缘系统是大脑的情绪中心，边缘系统越发达，情绪就越丰富、敏感，因此女性更善于捕捉、识别、表达情绪，具有更强的直觉和共情能力。与男性相比，女性的海马体（形成和储存记忆的区域）有更多的活动，大脑前额叶皮层更大，因此女性的记忆力、自控能力比男性强，在社交和情感处理等方面更具优势。在心理上，女性因为母性本能，更富有同情心、同理心、怜悯心、感激心和爱心。

曾任长江商学院组织行为学副教授的张晓萌和其团队在2019年进行了一项调研，收集了4332份个人报告，在参与研究的长江商学院学员中，男性高管数量为3105人，占72%；女性高管数量为1227人，占28%。这项调研得出一个结论：**我国高层管理者男性和女性整体行为表现趋同，同时女性高管呈现出三个与男性高管不同的特点——更加全面和平衡的工作**

风格、有同理心和关注团队关系、更强的抗压力和复原力。

这些优势是女性身上的普遍优势，也是其职业发展道路上闯关的利器，用好之后还能助力女性在与男性同事竞争的情形中获得更多机会。

〈 思考与练习 〉

1. 回顾过去你的思维习惯和精力分配，是扬长避短还是取长补短？
2. 你具备哪些构成优势的知识、技能和天赋？
3. 你决定刻意练习什么，使之成为你区别于人的优势？
4. 你打算如何运用好自己的优势呢？

有节奏地精进，练就自己的"紫霞神功"

1万小时定律已经被很多人所熟知，我最早看到这个定律是在《刻意练习：如何从新手到大师》这本畅销书中，但是其实这个定律最早是由美国畅销书作者马尔科姆·格拉德韦尔在《异类》中提出来的。

格拉德韦尔的原话是"人们眼中的天才之所以卓越非凡，并非天资超人一等，而是付出了持续不断的努力。只要经过1万小时的锤炼，任何人都能从平凡变成超凡"。然而，后来有一批学者和研究人员对1万小时定律提出了批评，甚至指出"从来不存在1万小时定律，它仅仅是畅销书作家对心理科学研究的一次不太严谨的演绎而已"。因为不同的技能复杂程度不同，不能一概而论，需要选择难度适合的任务，进行足够次数的重复练习，在这一过程中还需要接收有效的反馈，并及时纠偏。

那如何通过刻意练习，打磨出你的优势能力？

就像前面所说的，不同能力的打磨方式有差别，所以这里我们重点讲如何打磨优势的精进策略和强化职场女性通关的必备能力。

1. 把握精进能力的节奏

什么时候开始打磨自己的优势比较好？我的答案是：当你发现应该这样做的时候，就是最好的时候。

就像我在序言里提到的那样，通常人的职业生涯分为三个阶段：就业期（也被称为生存期）、职业期（也被称为发展期）和事业期（也被称为自我实现期）。在第一个阶段，要尽可能地积累多种能力，让自己没有短板，而要让自己在第二阶段——

第2章 能力关：打磨能力出成果方显真实力

发展期起飞，必须要发挥自己的优势。这也是原奥美互动的全球董事长兼 CEO、著名的职业生涯规划导师布莱恩·费瑟斯通豪在他的著作《远见：如何规划职业生涯 3 大阶段》中所列出的策略。到了第三阶段，则更多的是要整合运用自己的各项资源和能力了。

但是每个人的成长节奏不同，有快有慢。

从前面分享的 Carie 的真实经历中，可以看到她很幸运地在刚参加工作时就遇到了赏识她、根据她的特点提供机会并愿意辅导她的上司，而且她很好学，进入职场初期就开始刻意练习，打磨自己的产品思维和市场嗅觉，所以有了 3 年的火箭式晋升。

另一位受访者 Emily 也分享了她在打磨自己能力上的态度。她说她会根据现在的年龄段设置更高阶职位的目标学习对象，比如自己现在 36 岁，期望 40 岁能成为 VP（副总裁）级别的人才，那么她会从现在开始了解 VP 所需要的关键能力，然后在工作中抓住一切机会刻意练习，哪怕是非本职工作，以提前做好准备。

但是，还有更多的女性因为大学所学的专业没有针对性，第一份工作没有专业性可言，大部分时间都在处理杂事，做着简单的重复性工作，又或者是频繁地切换工作内容，没有积累，也没有幸运地遇到伯乐和良师，在蹉跎中耗费了几年时间。在步入婚姻、将重心放在家庭生活上之后，女性对职场技能的发展没有方向也没有行动，等快到 35 岁这个敏感的年龄阶段，焦虑和压力扑面而来，才幡然醒悟，要精进且要打造自己的核心优势。这其实也并不晚，因为有很多进入中年阶段的女性，重新整理自己，在找准了方向后发力，把事业发展的曲线往上拉了几个分值。在我遇到的人中，还有数十位 50 岁上下接近退休的姐姐，学习教练、心理学、写作和咨询顾问等技能，也为自己的事业创造了第二曲线。

再以我自己为例，从腾讯辞职后我才开始刻意锻炼自己的视觉表达能力，那时候我已经 36 岁了。我几乎从零开始学习，先是对着《视觉思维》（作者为韩国的郑珍好）临摹火柴人，后来适当做一些创意性的修改，再后来结合一些打动人的金句和工作生活中真实事件引发的思考进行创作，在 8 个月的时间里几乎每天一张图，一共画了 261 张，从用纸和笔画转到用 iPad 画。我每天都会把我画的小画发在朋友圈，获得了不少点赞和反馈，而且在朋友圈中形成了一个积极的标签——"视觉漫画师"。后来腾讯的老同事找到我，付费请我为他们的培训课程、沙龙和分享会做具有漫画性质的视觉笔记。就这样，一个基于兴趣学习的技能，竟然让我开启了一门副业。后来因为时间精力分配的关系，我没有再以此为副业，只是把这种创作当作一个安放自己心灵的寄托。后来，在我的主业中，这个技能又有了更多的应用场景，带给我很多的助力：画引导类工作坊所需要用的海报；以更形象和结构化的方式输出课堂产生的知识点；在一对一的教练中使用自己画的视觉图激发思考；等等。

没有什么是早晚快慢的时刻，此刻就是你可以选择的最好时间点。开始行动了，你就会有收获。这里有一些可以帮助你更好地利用时间、让工作更有成效的建议。

当你决定开始精进、提升能力的时候，通常会感到时间不够用。比如，工作很忙，要分出时间谈恋爱或者陪孩子，要给自己留出一点娱乐时间，还要留点时间锻炼身体，所以学习和提升的时间会变得很紧张。其实，这是时间管理思维下的线性考虑，如果转换成精力管理思维，你不仅会感到时间分配更合理了，学习后成效的提升也很显著。

精力管理的核心思想是：调动和平衡好四种独立但相关联的精力源——体能、情感、思维和意志，做到身心合一的全情投入，有节奏地消耗和更新精力，突破极限加休整式训练，形成习惯。这个概念和方法是由吉姆·洛尔等在《精力管理》一书中提出来的。一天只有固定的 24 小时，但是精力的储备和质量却不固定。

对我们来说，最好操作的精力管理技巧有以下几点。

● 明确自己阶段性的重点事项。

把关注点放在重要的事项上，这一点和时间管理的技巧相同。

● 评估自己的精力状态并应用。

每天有哪些时间段精力很好，投入的时间产出很高？把重要任务和学习提升的任务放在这个高精力时段中。我在和那些高绩效表现的职场人士交流中发现，每个人的高精力时间段略有不同，有的是上午10:00~12:00，有的是晚上11:00~凌晨2点。我自己每天下午2:00~5:00是高精力时段，一般会用于思考和做一些需要集中精力的工作；到了晚上10:00~12:00，我更容易有创意和灵感，一般我会在那个时候写作或者画漫画。

有什么事情或者情形会使自己产生负面消极的感受？可以做好回避阻隔，或者提前在头脑中做好积极应对的预演。

什么食物、环境和运动可以帮助自己快速恢复体能和活力？可以列出来准备好，当体能或活力不足时及时补充。

劳逸结合，做好平衡。

可以不定期给自己安排挑战精力极限的节奏，然后放松一段时间，这样可以快速恢复，甚至延长身体和大脑保持高精力的时间。避免使自己长期处于高压和长时间的脑力工作状态中，如果不能避免，就要在过程中间歇性地安排身体锻炼和放松，以舒缓情绪，减少负面影响。

设定目标，拆解动作，制定计划。

针对你所要刻意锻炼的能力设定一段时间之后要达到的水平或者能够做到的行为，然后根据这个目标，拆解出实现目标所要做的任务甚至动作。

以提升公众演讲能力为例，可以设定一个目标："3个月内，能够做到对熟悉主题的即兴演讲，并做到逻辑清晰、语言流畅、无赘词还能声情并茂调动观众的情绪。"这是一个很有挑战但是可以实现的目标，需要做任务分解和列出计划，例如学习逻辑结构、积累演讲素材、锻炼语言组织能力、减少自己表达中的赘词、锻炼语音语调的应用、找到锻炼平台保证每周有一次练习机会等。最后制定一个包含时间和责任人的计划，实现这个能力提升的目标则指日可待。

这一点，我们在访谈的案例主角身上都得到了充分的验证。

宁音刻意训练过她的公众表达能力。她主动寻找学习的机会，参加 TED Talk 训练营，每周参加"腾马俱乐部"（国际性演讲训练组织 Toast Master 在腾讯的分会场）的练习活动等，一年时间下来，宁音的演讲表达能力已经非常突出，在参加行业协会的演讲时给观众留下了非常深刻的印象。

知名智能硬件公司的人力资源总监 Emily 也分享了她训练自己的目标与时间管理能力的经历。她在猎头公司的时候，被要求像扎马步一样来训练自己，把目标拆分得非常细并且落到具体的行动上。例如，根据候选人年薪的范围设定每次沟通的目标时间，比如 30 万元年薪对应 30 分钟；50 万~70 万元年薪对应 1 小时，可以喝咖啡但不吃饭；百万元级别的候选人对应 1.5 小时，可以吃饭；等等。这样的刻意训练，使得她建立了非常强的目标感，并且时间投入产出比很高。

● 借助外力，寻求正向反馈。

人有惰性是天性使然，所以单靠自己，有时候的确不太靠得住，如果有外力支持将事半功倍。所幸有研究表明，相比男性，女性在毅力和耐力上有优势。这里列举两种外力。

结合日常工作来刻意锻炼。也就是把日常要完成的任务作为为提升能力而拆解出来的任务，这不需要你额外花费时间，同时又是迫于外部压力不得不做的事情，可以避免惰性。

适当公开自己的目标和行动，让别人监督。可以口头也可以书面，甚至是在朋友圈或者微博等自媒体上公开自己的目标和行动，邀请大家来监督，定期向大家展示成果。

最后一个很重要的是要向懂行的人询问反馈，看看自己哪些地方已经做到了，哪些还有差距，避免无意义地低水平重复而毫无进步。

总的来说，通过刻意锻炼来提升能力是形成优势的必要条件，正确地投入精力和时间，把握好节奏和策略，能为你打造优势能力保驾护航。

2. 强化职场通关必备能力

职场中的晋级犹如游戏中的打怪升级，想要通关，不仅要会招式，还要修内功。前面我们提到过，企业人才所需要的能力通常会被分成专业能力、通用能力和管理能力三大类。专业能力与企业的业务、岗位的职责要求相关，各不相同，无法在此一一列尽，而管理是一个专门的学科，专门用一本书来讲解都未必能讲完，所以在这里我们重点关注那些具有普遍性但是又很核心和基础的通用能力。

结合我过去关于高层、中层和基层的人才发展项目，以及平时与高管一起工作的经验，我发现有三项最为基础，是对于职场女性求发展而言必不可少、影响重大的通用能力——**基于逻辑的理性思维能力、沟通能力和情绪管理能力**。沟通好比招式，逻辑思维和情绪管理就是内功，而且情绪管理对于职场女性的成功尤其重要。

基于逻辑的理性思维能力

越是市场化的大企业，越是需要"以理服人"和理性思考以做出判断和决策，也越强调独立思考的能力，因为拥有这种能力不仅可以赢得认同和尊重，也是职业素质中的一部分。这就是为什么注重员工学习和发展的企业，会拿出企业经营利润的一定比例用于员工的成长，包括员工的职业素质训练，而理性思维能力是其中的关键部分。这个"理性"的背后是逻辑，是思辨。职位越高的人，越需要具备这种思维能力。

腾讯内部有腾讯学院这个专门的部门来为公司全员提供学习和发展的补给，每个月都会周期性地在内部举办公开报名的理性思维类课程，各个业务团队还会根据人群的需求，组织理性思维课程培训。其中非常有名的是"金字塔思维"和"问题分析与解决"，这两个课程场场爆满。除了腾讯，很多大中型企业都有对员工做这方面的训练。对这些思维能力的学习和训练，可以帮助学习者具备"透过问题看本质"和"把握关键"的能力。

我在后来加入独角兽企业工作的时候，有一次与负责手机开发的联合创始人 Shawn 交流，他提到一个现象——团队在给他汇报工作时，总是逻辑混乱，没有重点，没有说服力，好像大家都没有思考过一样，导致管理团队难以做决策，非常影响会议的进度。我想这是因为在我们过去的教育中，缺失了对基于逻辑的思辨和独立思考能力的训练，如果步入职场之后又没有机会锻炼到这方面，显然这一块的能力会是空白。

那么，如何获得这个基于逻辑的理性思维能力呢？我推荐重点去学习最关键的结构性思维，也就是金字塔思维。这是源自麦肯锡的一项理性思维技巧，熟练掌握之后一定能够做到"透过现象看本质"，成为一个有独立思考能力的职场人。学习的方式可以通过你自己的喜好来确定，可以看相关方面的书，也可以参加市面上公开的课程，然后刻意练习，成为手握"理性思维"利器的职场闯关者。

沟通能力

在我们的日常工作中，应用最广泛和被强调得最多的就是沟通能力了。职场是人和人协作的场所，绝大部分工作都需要通过沟通和协作来完成，所以沟通能力成为第二个关键的基础通用能力。尤其是进入管理层和带团队之后，80%以上的工作都是通过沟通来推动的，可见这一能力的重要性。在招聘面试的时候，大部分岗位都会要求对候选人的沟通能力做重点考察。通常我们把理性思维能力称为"想得明白"，把沟通表达能力称为"说得清楚"，二者之间有相互承接的关系。

幸运的是，女性在语言的沟通表达上有先天优势，这一点已经被许多研究证明，在职场上也常常如此。我之前为产品团队招聘产品经理的时候，和产品线负责人一起进行候选人的面试。当时有来自同一家知名上市企业的同一团队的一男一女两位应聘者进入了面试环节。这两位候选人的履历各有千秋。男孩毕业于 QS 排名前十的学校，对行业和我们的目标产品有深刻而独到的见解，对于才工作 3 年的人来说这非常难得。女孩也是海归，毕业的学校不太有名，在面试过程中表现出来的对产品和行业的理解比较中规中矩，没有那位男生表现出色。但是产品线负责人最后决定录用这个女孩，原因是女孩在整个面试过程中，很积极地表达自己的看法和感受，主动向面试官提出问题，在过往的经历中也呈现喜欢和善于沟通的特点。一位优秀的产品经理，需要与员工大量沟通并且影响他们，所以我们最终给了女孩录取通知。

职场上的沟通能力并不是与生俱来的，而是需要结合不同场景和不同对象，有针对性地学习和练习才能形成的。市面上讲沟通表达的书和课程数不胜数，学习资源非常丰富，有心之人可以很快采取行动并强化这种能力。

情绪管理能力

也许你遇到过这样一个现象：本来大家对某个空缺岗位的工作内容很感兴趣，但是，当知道汇报的对象是女领导时，立刻就打退堂鼓了，其原因是人们在过去一些糟糕的职场经历中，形成了对女性管理者的刻板印象。

出现这些糟糕的体验，很大部分原因是部分女性管理者没有做好情绪管理，把不稳定的情绪状态以爆发式的方式完全呈

通关：职场女性如何少走弯路

现在了工作情境中，给团队和工作开展造成了负面影响。我们在识别优势的章节中提到，女性的大脑结构使得女性比男性的情绪更加丰富和敏感。

情绪通常被划分为积极情绪和消极情绪两类。我们所熟知的积极情绪包括喜悦、兴奋、感动、轻松、欣慰等，消极情绪则有无奈、失落、悲伤、烦躁和害怕等。在积极的情绪状态下，人们工作更专注，效率更高，与周围人的互动也更通畅。消极的情绪状态会降低我们的专注度和工作效率，不仅给工作和人际关系带来负面影响，还会影响到身体健康。在提倡理性和职业化的职场环境中，压力无处不在，而且在压力的状态下，我们还需要刻意地做好情绪管理，将消极的情绪转化为有积极影响的正面情绪。

专门讲授情绪管理方法的资源非常丰富，我在这里推荐一些公认不错的书籍和课程给大家。

书籍：《猫先生的情绪自救》（董如峰）；《情绪自控力》（朴用喆）；《活出最乐观的自己》（马丁·塞利格曼）；《象与骑象人》（乔纳森·海特）；《超越你的大脑》（玛莎·蕾诺兹）。

课程："内在成长——职场人必修的情绪管理课"（智学明德Z学堂）。

这三个关键核心基础能力是职场女性在职场晋升的必要条件，不仅要有，而且还要优。这三个能力就像大厦的地基一样重要，是"一专多能零缺陷"中的"零缺陷"。AI（人工智能）时代到来，其发展速度已经超出了很多专家的预期，在未来的职业发展中，使用 AI 辅助工作将成为必不可少的能力，比如使用 AI 做数据处理、基础创作等。要尽早学习和储备这方面的能力，使自己在未来的职业发展道路上更具竞争力。

随着工作经验的累积和职位的晋升，我们处理的问题也越来越复杂，需要的拓展能力也更加多元。比如我们不仅要锻炼社交能力，走上管理岗位后，还需要拓展政治能力等。管理者必须发展政治能力，是美国的管理与领导力学者罗伯特·卡茨（Robert Katz）提出的研究成果。他的研究表明，管理者要能够建立自己的权力、建立和维护好各类关系并且能够从关键人员那里获得资源。如果再加上优秀的专业能力和其他软实力，职场闯关必定无往不利。

〈 思考与练习 〉

1. 请借助《时间使用记录表》（见下一页），对自己的时间使用情况进行分析，找出自己的高精力时间段。
2. 请对你的三大职场通关必备能力（基于逻辑的理性思维能力、沟通能力、情绪管理能力）现状进行打分，如果 10 分是满分，你能打几分？
3. 你打算如何精进自己的能力？

通关：职场女性如何少走弯路

时间使用记录表

时间区间 (以1小时为单位)	周一	周二	周三	周四	周五	周六	周日

(请记录一个时间单位内，具体做的事情，包括工作和生活。只需要写事件名即可，例如"写周总结"、"刷剧"等)

第 3 章

机会关:让影响力与机会形影相随

你在等待机会的时候,
机会也在等你,请让它看见你!

不要把精力放在管理上,要放在扩大自己的影响力上。

——任正非

为"被看见"负责,建立内外部的影响力

1. 一位被机会偏爱的人力资源总监

Emily 是知名新能源汽车公司旗下智能硬件公司的人力资源总监(HRD),她说走上这个岗位本来不在计划之中,自己算是临危受命接起这面"旗"。这种突如其来的机会,似乎和她特别有缘,在她 10 余年的职业生涯中,至少有 2 次"突变"给她带来了重大的转变。

作为一个成长于经商家庭的"深二代",Emily 并不像很多二代子女那样闲适,她给朋友留下的印象是"卷王""工作狂""社交达人"和"高端"等,这与她的成长经历和承受的家庭期望有关。

她高中毕业后去了英国留学,用她自己的话来说是因为成绩一般没有考上好的大学。别人可能羡慕她有留学的机会,但她自己知道这其实是无奈之举。因为她在上中学的时候理科成绩不好,常有"差生"的感觉,所以她在英国十分勤奋,用"笨鸟先飞"的想法鼓励自己。在英国上学的 4 年里,她先后获得了法律、人力资源和营销三个学位。这个过程非常煎熬,周围不少人坚持不下去退学了,而 Emily 坚持下来了,反而有种"以前是差生,现在终于像个学霸"的感觉。无论做什么事,一

通关：职场女性如何少走弯路

且长期坚持就会形成习惯，卷自己也是。所以，今天的 Emily 有了前文那些标签。

"天道酬勤"这样的道理在今天依然有效，Emily 的勤奋努力换来了她心态的转变，还有更具有实际意义的高学历和国际化的视野，这给 Emily 的职业发展加上了重重的砝码。不过，学历只是敲门砖，给她带来突如其来"跃进"机会的，是她用心经营的影响力。与 Emily 接触过的人都会对她产生这样的印象：积极主动、热情大方、胆大、有话直说、心态开放、善于展示成果等。除了与生俱来的性格因素，她还会运用一些加深人际印象的小技巧。这些小技巧，在关键时刻给她带来很大的帮助。

其中，最典型的是她在华为内部的一次分享讲话上，给公司轮值首席执行官（CEO）级别的高管留下了深刻的印象，不久后她便获得了一个常规发展路线完全不可能企及的飞跃式机会。我访谈 Emily 时，好奇地问她当时做了什么会产生这样的效果。她说在那次大会上，所有获得绩效 A 级的员工都需要上台发表讲话，她当时用一句"我是 1.5 年的员工，但实际做了 4 年"来描述自己在这个绩效周期中所付出的时间和努力，也许是这句话打动了高层。不过她也说，事后来看，也许是因为自己"无知者无畏"，才被调到那样一个大的变革管理项目中任职。实际上，我们知道，那是因为她身上的勇气、担当和努力，以及打破常规的精神，使她以一种与其他同事完全不一样的方式呈现，然后被大家看见了。

此外，为了提升人才招聘工作的效率，她需要提升自己在行业内的影响力，所以 Emily 主动出击去社交和做人脉资源管理。多年来，她平均每天新加 3 个人的微信，两个微信号累计添加了 1 万个微信好友。她将这些微信好友做好标签和备注管理，包括认识的时间、背景简介等，当需要找相应的人才时，她能够非常快速地匹配到候选人。平时她每天都在朋友圈中展示工作和生活的状态，可能一天会发数条朋友圈，这不仅帮助她建立起与这么多微信好友的信任，也让她成功地在大家心中留下印象。曾经有一段时间，我在招聘人才的时候，只要她帮忙发一条朋友圈，附上我的微信二维码，10 分钟内我就会收到几个高质量候选人加好友的消息，这种影响力真是让人惊叹。

她还会刻意训练自己的公众演讲技巧，接受社交招聘平台的邀约做公开分享课等。这一系列动作，都帮她提升了知名度，所以在深圳的猎头圈、招聘圈，甚至一些高端人才圈，Emily 的大名仿佛无人不知无人不晓，以至于我去参加人力资源方面的交流会议时，平均遇到的 5 个人中就有 3 个认识 Emily。有时我无意间在朋友圈点个赞，事后会被问："你怎么认识 Emily 的？"

Emily 就是一位积极构建自己的影响力，并且让它为自己的工作生活所用的职场追梦人。这种影响力就像个人品牌一样，能够帮助我们在职场上"弯道超车"。

2. 为"被看见"负责

像 Emily 这样积极并且有效地使自己在内部"被看见"、在外部"有影响力"的职场女性似乎并不多，原因是什么呢？我们从意识和技能两个方面来看。

首先，在意识上，有的人不知道要这样做，还有的人不愿意这样做。

近几年"个人品牌"这个概念被全网推广，很多人已经意识到要打造自己的个人品牌，通过网络放大自己的影响力，并转化为商业价值。但是在主流宣传中，主要以面向 C 端市场的个体为对象，讲授如何通过建立个人品牌帮助自己销售知识、服务等内容来创收，鲜少提到企业平台上的"打工人"也可以运用个人品牌的思想帮助自己获得更大的发展空间。其实，个人品牌的核心思想，简单来说就是告诉大家你能做什么、你做得怎么样、你和别人有何不同，以及未来你要做什么。这样一个朴素的内核，在职场的发展上同样适用，不应被忽略。

受个人性格和过去教育经历的影响，很多职场女性并不习惯于自我宣传。有的抱着"自己做好了，自然会被别人知道"的旧观念，有的认为宣传自己有"自吹自擂"的嫌疑，有的甚至很反感别人"秀肌肉"。她们带着这些根深蒂固的认知，自然不愿去做自我展示。还有一部分职场女性，对自己的能力和成绩没有做归纳总结，认为自己并没有什么特别之处，不值得一提，因此也不好意思去推广自己。

由于认知和意愿的双重限制，最终我们看到，积极主动打造自己影响力的职场女性占少数。

其次，缺少相应的技能。

想要建立真正有效的内外兼顾的影响力，需要掌握一定的技巧。这些技巧如果不学习和训练，很难用好。这些技巧融合了多种内容，比如要了解营销心理学的基本逻辑，要能熟练运用公众演说技巧、汇报演示技巧，要有中心内容提炼能力，还要选择合适的渠道工具。掌握这些技能，需要花费大量的时间。如果平时工作量大，又习惯于埋头干活，缺乏这些技能也就不意外了。

技能的缺失可以弥补，前提是要认识到这样做的必要性。

在职场晋升的规则中，有一个常常被提及的 PIE 法则，即**绩效表现（Performance）、个人形象（Image）和曝光度（Exposure）**的首字母缩写。这个概念出自一位在财富 100 强企业工作了 45 年的顾问——哈维·J. 科尔曼（Harvey J. Coleman）。科尔曼根据自己对职场的观察和总结，在其著作 *Empowering Yourself*（暂无中文版）中提出，"只要努力工作就能够获得晋升"的想法完全不符合职场晋升的游戏规则。职场上的成功取决于 3 个关键因素。

- **绩效表现**：日常工作的表现和工作完成的质量很好，这能让你成为"考虑对象"，能起到 10% 的作用；
- **个人形象**：你在别人心中树立的良好形象，包括良好的待人处事的方式、有吸引力的外在形象以及善于团队合作和勇于担当的态度等，起到 30% 的作用；

● **曝光度**：让关键的人群知道你是谁、你做了什么贡献，以及你在行业甚至社会上的影响力等，这一点非常关键，发挥了 60% 的作用。

这个发现是否让你产生了做出改变的动力？

这就是许多低调的、勤勤恳恳的、绩效保持得不错的职场女性，却总是与晋升机会擦肩而过背后可循的规律。在规模大一点的企业，尤其是以男性为主导的企业和部门里，女性天然地呈现弱势姿态，更愿意选择低调或沉默，这会将本就稀缺的晋升机会推得更远。

要改变这种现象，我们最直接能做的，就是向前迈出一步，展示自己的成果和风采。请相信自己，只要愿意，一定能够做得好，无非是改变思维方式和习惯，刚开始可能会踩点坑，难为情，做多了也就能够得心应手了，效果也就出来了。

从现在开始，拿出"只要我不尴尬，尴尬的就是别人"的勇气，为自己的职场曝光度负责！

3. 影响力的真意

我们反复提及建立"影响力"，但是每个人对影响力的理解未必相同，只有抓住其最内核的含义，才知道如何建立自己的内外部影响力。

当我们形容一个人"很有影响力"时，一般强调的是这个

第3章 机会关:让影响力与机会形影相随

人有很多"粉丝",他所说的话让人容易相信和追随,表达的是一种状态。在学术界,影响力是有严谨定义的,它是指一个人在与他人交往中,影响或改变他人心理状态或行为的能力,表达的是一种能力。所以市面上讲影响力的课程或者书籍,都侧重于讲述在和别人打交道过程中,如何去影响和改变对方,例如长期霸榜的经典书《影响力》(罗西尼·迪尼奥)和《影响力密码》(王明伟)。

不论是影响力的能力还是状态,对于个人的职场成功都很重要,能力是过程,状态则是结果。**影响力意味着机会**。我们可以根据辐射的范围把影响力分成四个层次:人际影响力、组织影响力、行业影响力、社会影响力。

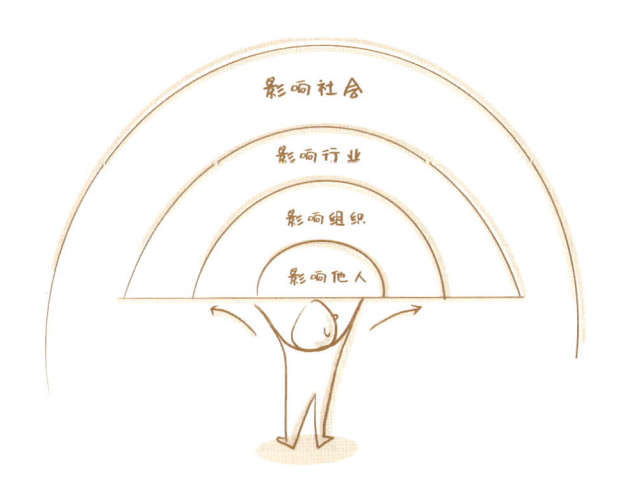

影响力就像把一块石头丢进湖中,水面泛起一圈圈涟漪。最里面的一圈是人际影响力,往外依次扩散,最后形成具有最

大影响范围的社会影响力。作为职场人,应当**优先关注人际影响力和组织影响力**,当积累足够时,影响力扩展形成行业影响力和社会影响力,将会水到渠成。

俗语说打蛇要打七寸,也就是说解决问题要抓住问题的关键。构建影响力时,要抓住最重要的因素——**关键利益关系人**。通常,关键利益关系人主要指对事件的走向起决定作用的人,如老板、上司、客户和其他具有话语权的人。

人际影响力,是指在与他人协作中,能够赢得他人的配合与支持。人际影响力主要通过沟通互动来建立,所以离不开我们在上一章提到的三大核心能力之一的沟通能力。在职业发展路程中,除了以个人创作为主的工作,大多数工作都需要大量的团队协作。因此,各企业都非常重视员工推动团队协作的能力,那些具备优秀的人际影响力的人,往往会获得加速发展的机会。

比如,我们在企业内部设计和运营人才发展项目时,会观察被培养对象的人际影响力,企业管理层也会把这个表现作为是否晋升的重要考量因素之一。在校园招聘或者管理培训生的招聘筛选中,我们也会设计集体讨论的环节,候选人如何与人互动和影响他人也是重点考察因素之一。

组织影响力,是指在自己所在的公司或机构内,具有很高的知名度和拥有诸多的支持者,从而能够调动组织范围内的资源来实现目标。从人际层面拓展到组织层面的影响力,意味着你将可能获得更广泛的发展机会,这需要"三板斧"。

- **业务实力**：在实际工作中通过过硬的专业能力和解决问题的能力赢得口碑，这就像树的根，起保障作用。
- **营销推广**：通过各种方式和渠道，展示个人的能力，传播自己取得的成绩、经历的故事、心得总结和经验方法，这就像树的枝干，起传输作用。
- **人脉网络**：在内外部建立有助益的人脉关系网络，使他们可以在各个环节和时间节点提供支持和帮助，这就像树的绿叶，起催化作用。

业务实力是长久影响力的基础，每个人的业务实力因为各自岗位和职责不同而不同。想要积累业务实力，需要自己在工作中向前辈、专家等优秀人士取经。营销推广和人脉网络具有通用性，有共性的方法和规律可循。

身为职场女性，只要你想，就一定可以构建自己的影响力，只需要选择适合自己的方法。

〈 思考与练习 〉

1. 如果满分是 10 分，你会给自己每个层面的影响力打几分？为什么？

通关：职场女性如何少走弯路

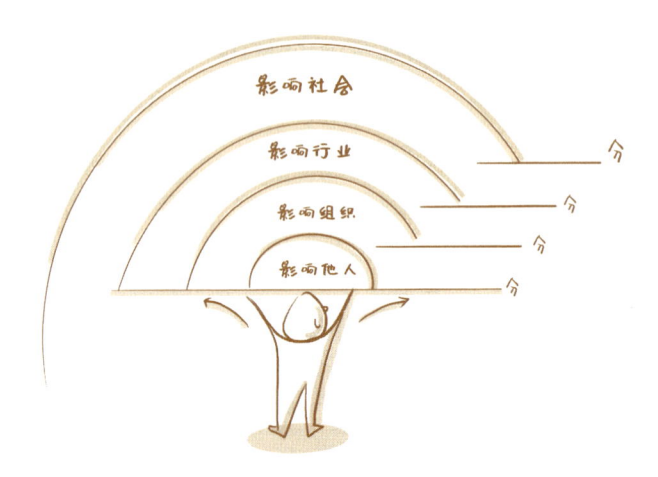

影响社会
影响行业
影响组织
影响他人

2. 你是否对这个自评结果感到满意？如果你想要做一些改变，你打算做点什么？请写下你的思考。

> 恰如其分地自我营销，
> 展现 360°职场"她实力"

营销推广，本质上是让别人注意到你并记住你。在酒吧驻唱的歌手和歌星的最大差距是才华吗？不是。有才华的人多如繁星，但为大众所知的，用一张 A4 纸就能列出。这最本质的差距，是有没有营销推广。

在职场这个大舞台上，想要获得机会，就要让管理层、客户、合作伙伴注意到你，并记住你。自己最能把控的就是自我营销，但这恰恰是我们大多数女性所不习惯、不愿意或者不擅长的。改变，要从转变认知开始。

1. 正确认知自我营销

在我们一向强调谦虚低调的传统文化理念里，自我表扬有时会被人用异样的眼光看待。但令人感到意外的是，在主张积极主动地自我展示的美国，职场女性的坏习惯之一也有"不愿意提及自己的贡献"，认为说出自己的成绩难为情，这是享誉全球的大师级教练马歇尔·古德史密斯（Marshall Glod-smith）在他的书中提到的访谈调研发现。在美国，自我表扬也被职场女性视为一件丢脸的事情这个现象，令人深思。

导致我们不愿意宣传和表扬自己的，不是文化理念，而是女性本身。这背后的原因，除了缺乏自信，还有我们对自我营销缺乏正确的认知。

自我营销不等于自我吹嘘、爱表现。

自我营销的根本目的，是让人注意到你，记住你是谁，你擅长做什么，你能带来什么价值。为了实现这个目标，你需要树立一个清晰的、可以区别于他人的正面形象。当大家遇到问题要解决，需要帮助或者支持，而这又是你所擅长的，大家会立刻想到你，找到你。当这种正面的印象累积起来之后，有更好的发展机会大家也会优先想到你。

这并不需要吹嘘，只是呈现而已。只不过需要学习一点小技巧，使这个如实的呈现更容易被记住，而不会给人以"自吹自擂"的不良观感。

另外，"爱表现"这个词似乎成了职场女性对那些积极展现自己的女同事的心理默契评价。做出这样的评价，不仅是出于嫉妒心理和酸葡萄心理的自然反应，更重要的是对她不够全面了解或者是她所采用的自我展现方式不恰当。正是因为要让大家更了解自己，才要更加积极地把自己的风采和能够给大家带去价值的一面展现出来，学习使用恰当巧妙的方式做好自我营销。当你一骑绝尘遥遥领先时，嫉妒只能转化为羡慕。你走过的路，让别人模仿去吧！

自我营销不是牛人的专利。

在这个世界上，牛人总是少数，大部分人都是普通人，牛人在成为牛人之前也是普通人。每个人在这个世界上都是独一无二的个体，各有特点，各有优势，我们缺少的，只是发现自己闪光点的习惯和总结自己成绩的经验。

如果你现在是一位前台工作人员，可以跟人介绍你高峰期一天接待了多少访客；

如果你现在是一位客服工作人员，可以跟人介绍你一天接了多少个电话，处理了多少件事情。

管理大师德鲁克也说："**做必要的自我营销和推销是一种社会义务，尽可能让更多的人了解并利用你对社会的贡献**"。作为在职场上奔跑的女性，又身兼女儿、妻子、妈妈、下属和上司等多重角色，自我营销不仅是为自我背书，也是在尽社会义务。

自我营销的形式是丰富多元的，远不止"我如何如何"的自夸式的硬性广告。

自我介绍是最基础、应用最普遍的自我营销方式，在任何第一次见面的场合都需要用到。如何通过精心准备的自我介绍，给对方留下深刻的印象是首先需要解决的问题。

参加会议是职场非常普遍的自我营销场景，在会议上，坐哪里、如何做成果展示、发言表态和提问都能影响他人对你的了解和印象。

演讲、分享会和培训**授课**等场合也是常见的营销场景。企业尤其是大企业，为了促进内部的知识经验传承，会经常组织各种形式的演讲或者分享活动，这些场景是极佳的自我营销场景，效果好的话，分享者通常还会在结束时收到很多加联系方式的请求。

此外，还有发表文章、分享笔记、在内外部平台上回答问题以及在微信朋友圈适时地展示工作和生活等形式，都能够通过软性的方式对外传递自己的能力和价值，收获口碑。

所有这些自我营销的动作，最底层的逻辑是传递价值。不论价值大小，只要能够给他人带去一点帮助，都是在向自己的"影响力账户"中存入积分。

2. 选择适合你的方式

如何既做到自我营销，又不让自己和别人感到尴尬？这里有一些从他人的成功经验中总结出来的方式方法，你可以根据自己所处的环境、个人的偏好来选择性使用。

回到如何引起注意和被记住这个自我营销的本质上来看，所有的原则和方法都应该为这个本质服务。我们在日常生活工作中，为什么会对有些人和事印象特别深刻，而对另外一些却没什么印象？仔细回想，我们会发现那些令人印象深刻的人和事大抵都满足以下三个特点：频繁见到或者听到；很特别，不一样；是自己关心的问题。这正对应了做好自我营销的三个要点：**充分曝光、有记忆点、有针对性**，这三个要点可以作为我们进行自我营销的三大指导原则。在运用上，我们需要在提前准备和具体场景应用两个方面来细化。

首先，准备好有信息层次的自我介绍，并且熟练到随时随地能脱口而出。

第3章 机会关:让影响力与机会形影相随

我的工作有很大一部分是在课堂现场进行授课或做引导,我经常会遇到一个现象:大家都很愿意发言和分享,但是,当被邀请给全班分享自己的洞察或总结时,很多分享者上来就直接分享内容,只有极少数有营销意识的分享者会先认真介绍一下自己。其实,现场参与者来自不同的分公司或部门,相互之间并不太熟悉甚至不认识,但是彼此所在的团队之间多多少少会有协作关系。这是一个让自己给别人留下印象的好机会,若在无意识中让机会溜走,有些可惜。如果平时对自我介绍有所准备,养成习惯之后,必定不会错过这样一个传播自己的好机会。

自我介绍应该像"红宝书"一样,时刻保存在自己的记事本里,印在自己的头脑中,并且要有信息层次。

信息层次是指包含的信息量的多少和含义。简单地说,就是按照介绍的时间长短和对象的类别,比如管理层、客户和合作伙伴等,准备多个版本。这是金字塔原理或者说 1 分钟电梯演讲法则的应用。通常,我们会在不同的场合遇到不认识或不了解自己的人,比如电梯间、会议开始前、会议中场休息时、拜访客户时、聚会活动上、课堂上等诸多不同场景。不同场景下我们参与目的不一样,留给自己做介绍的时间长短也不一样,而且很多时候没有临时思考的时间,如果有提前准备好的模板,可以拿来即用,现场组织一下语言就可以起到很好的效果。

与职场和商务相关的自我介绍,一定要包含以下核心信息,

通关：职场女性如何少走弯路

可以根据场景和时间的需要做增删，顺序也可以适当调整：我是谁：姓名；我来自哪里：所在公司／部门／地点；我能做什么：岗位／主职工作／特长；我需要什么：资源／支持／挑战。**在这些标准信息基础上，准备一些容易让人记住的标签、金句、联想或反转**等，常常能够起到画龙点睛的作用，满足了"有记忆点"的原则；也可以设计2~3个常用场景下的自我介绍模板。

比如本章访谈的对象Emily，她常这样介绍自己的名字：我叫×××，因为我想要美丽，所以大家都叫我"爱美丽"。这应用了标签和联想的作用，让人当时就记住了这个名字。

有一位叫Mike的团队教练，他站在讲台前介绍自己时会说："我是今天的导师Mike，因为我经常需要推广自己的课程，所以大家叫我'卖课'就可以了。今天和我搭档的是Jack，我负责'卖课'，他负责'接课'，大家有培训的需求尽管找我们，我们能接住！"这段话非常巧妙地介绍了自己是谁、做什么和潜在的合作需求，既有记忆点也有针对性。

曾经我有一位新同事加入公司，要在学院上百人参加的例会上介绍自己。当时有好几位新同事做自我介绍，唯独她让人印象深刻。她从自己的座位上站起来介绍了自己的姓名、部门、职责和过去简要的经历，最后补充了一句神助攻的话——"前两天有同事说我长得有点像法国人，我很惊讶，因为很多人见到我都以为我是越南人"。现场哄堂大笑，因为这个反差太大，所有人都转过去看她，感受到这个反差描述很形象，也就记住了她。对她而言，这是一次非常成功的自我营销。

现在你就可以开始行动，写下自我介绍模板，分成 10 秒钟版、30 秒钟版和 1 分钟版，然后反复设想在不同场景下的运用，并模拟和练习，做到能够脱口而出。

其次，根据不同的场景和渠道特点，有针对性地采取行动。

每个人的个性特点不同，对做自我营销的渠道和方式的偏好也会不同。现在渠道和方式非常多元，总有一款适合你。在职场上，适合做自我推广的渠道和方式主要有**参加会议、参加演讲、参加分享或培训授课、公开发表文章、平台答疑解惑等**。

从影响的受众范围来看，除了个人朋友圈，其他渠道都有企业内部和外部之分。在技巧上没有特别的差异，只需要把握好传递的内容是否会影响自己在企业内部的声誉，是否会影响企业在行业中的声誉。

参加会议

参加会议是职场的必备沟通方式，随着职位的晋升，投入会议的时间将越来越多，甚至想要一点独立思考的时间都要刻意预留。抓住会议这个场景来做好自我营销，能够事半功倍。

第一，作为与会者，进入会场后应当选择能被关键利益关系人直接看到的座位。

我们前面提过，关键利益关系人一般是指对事件的走向起决定作用的人，如老板、上司、客户和其他具有话语权的人。

参加会议时，坐在能被关键利益关系人直接看到的座位上，对于大多数女性来说可能是挑战。

你不妨回想自己日常开会的表现，也注意观察一下周围的女同事。越是重大的会议，大家越是争先恐后地去占据"看不见的角落"，生怕被注意到，最后留下没人坐的往往是那些离老板近的中心位置，直到老板看不下去叫人坐过来。形成这种习惯最主要的原因是不自信，这也是阻碍我们在职场上"被看见"和获得机会的最大绊脚石，需要通过积极的预想和重复强化行为来调整，具体方法可以在本书的第 5 章中找到。

只有当你坐在显眼的位置上，你才会被看见。如果你不时发言和回应议题，且与关键利益关系人有眼神接触，你很大概率会给对方留下印象。

第二，在会议上发表经过思考后的观点和积极提出问题。

如果你是会议的分享人之一，毫无疑问你有很长时间成为会议的焦点。你需要做的就是在做好自我介绍的基础上，用逻辑清晰、结论明确、论据充分、有问题但更有解决办法和行动计划的发言来给所有与会者留下好感。

如果你只是会议的参与者，但是这一次会议关键利益关系人也在现场，而你又需要借助这次机会露面并赢得关注，那么你能做到积极发表有质量的观点、礼貌地提出有建设性意义的问题将显得尤为重要。这样做能够在与会者心中树立专业、职业化的正面形象。

曾经有一次，我在公司参加一次交流会，是集团 CEO 与年轻的储备干部做交流。CEO 说，他很期待看到大家在会上积极发言，因为这代表了积极主动的态度，也是获得关注的机会，他自己一直以来都在抓住一切能够被看见的机会：开会他要选择靠近会议主持人的位置，去商学院上课他每次都抢着坐第一排，发言和提问也要争取做第一个，这样他就有机会和教授在课后深入探讨问题。

后来，我在一家独角兽公司负责组织和人才发展工作时，又加深了这个体会。当时我在公司内部开办高效沟通的工作坊，现场有一位很年轻的女孩，非常踊跃地分享她的思考，用自己整理后的语言表述沟通的要点，并且现场提出问题和我探讨，我为她认真积极的态度和敏捷的思维感到欣喜。当时，公司的招聘负责人和女孩所在部门的管理者也在线参加了这次工作坊。这个女孩是刚加入公司的实习生，还未正式从学校毕业，但 1 个月后，她获得了转正的机会，以应届毕业生的身份正式加入公司，而原本她所在的部门并没有招收应届毕业生的计划。

通常，一个人积极的行为表现得非常自然，是因为平时已经养成了习惯，而这个习惯会帮助其在更多的场合获得关注。不得不说，不论这个年轻女孩的自我营销是有意识还是无意识的行为，都为她拿到正式入职的"门票"加了很多分。

第三，要避开一些显而易见的坑。

我们的本意是希望借助参加会议这个场景来提升自己的正面形象，如果不注意避免以下这些低级错误，那效果将会适得其反。

（1）会前准备不足。

不论以什么角色参与一次重要的会议，都需要提前做功课。会前的准备一般包括：了解会议议题和会议目标，了解会议议题与自己的关系，提前收集或者阅读需要了解的材料并记录要点和问题，了解有哪些重要的参会人员和各自的特点等。如果前期准备不足，在会上面对抛向自己的问题可能难以做出好的临场反应，发言也容易缺乏条理和逻辑。

（2）夸大事实，遗漏其他人的贡献。

在展示成果的时候，切忌夸大事实，强调自己的贡献却忘记感谢合作人。在现场，多数情况下不会有人站起来公开表示质疑，但会后很容易冒出不知来源的批评，并且这些批评会最终传到决策者那里，反而影响你的形象。

（3）发言或提问过于频繁，占用太多时间。

在会议上，好的表现在于发言和提问的质量。如果你不是会议的主角，频繁地插话或者提问，会给其他与会者带来干扰；如果你的发言没有深度且频率很高，占用了所有与会者的时间，耽误议程，反而容易引起反感。

参加演讲

参加与自己工作相关的公众演讲活动，是非常好的扩大影响力的方式。中大型企业经常会在内部举办各种演讲活动，有的是年度会议的"前菜"，有的是专业主题演讲。每个行业也会定期举办专业峰会。以演讲的形式分享自己取得的成果、付出的努力、总结的经验和方法等，既可以让自己的广告"软着陆"，又能够给观众带去价值，还会被再次传播，迅速被更多人了解和记住。

通过参加公众演讲活动来进行自我营销，应当注意以下几个关键点。

（1）精心设计演讲的主题和内容，确保能够给观众带去收获。

要呈现一场效果好的演讲，需要与观众有链接。演讲与观众链接的地方在于，内容上能够给观众带去启发，情绪上能够与观众产生共鸣，而这些都可以通过精心设计和把握节奏来实现。

我在腾讯工作期间，做过几个内部演讲赋能的项目。当时为了使参加演讲的嘉宾有更好的呈现，我们投入大量的时间进行了演讲内容的设计和打磨，最后演讲者上台呈现的效果都不错，给管理层留下了深刻的印象。

（2）通过故事而不是自我表扬式的总结，来呈现自己的优势和取得的成绩。

故事是自己的经历，是发生过的事实，有人物情节和时间节奏等，观众喜闻乐见。自我表扬式的总结，容易让观众产生疏离感，甚至会产生质疑情绪。

（3）使用能够打动观众的金句。

这些金句可以是广为流传的名言，也可以是根据情形自创的金句，还可以是创造反差引发好奇的短句。比如本章开篇

Emily 非常成功的自我营销，是在绩效表彰会上发表演讲，说"我是 1.5 年的员工，但实际做了 4 年"，这就是一个引发好奇和反差的金句，成了整个演讲分享的记忆点。

（4）反复练习直到精彩亮相。

所有的闪亮登场都是台下精雕细琢的结果。在参加演讲前，可以通过录制视频回看、头脑中预想现场演讲等方式，帮助自己训练和提高演讲能力。

读到这里，可能有的读者会思考这样一个问题："演讲似乎比较适合自信外向的人，我比较内向，很不喜欢在公众场合讲话，更别提参加演讲了，这完全不适合我。"事实上，这是你的"自我设限"。因为你只是缺了迈出这一步的勇气，如果你按照上面建议的这些关键点，做好充分的准备，最后呈现的效果一定会让你惊喜。

在我之前负责的演讲赋能项目中，有一位演讲者是人工智能团队的组长，属于典型的内秀型"程序媛"。当年他们部门研发的 AI 程序"绝艺"在日本参赛并获得了冠军，在行业内引发了轰动。后来我们邀请项目团队成员来做演讲，项目组派出的演讲代表就是这位组长：腼腆中带着谦虚，瘦瘦的身材中带着坚毅，轻细的声音中带着沙哑。熟悉演讲的人都知道，她当时呈现的气场不具备演讲的先天优势。经过 1 个月的用心准备和打磨，她在舞台上的演讲气场十足，完美地把项目组的故事和自己身在其中的酸甜苦辣与收获，呈现给了台下 300 多位观众，还获得了那天演讲的最佳奖。她仿佛在内敛的外壳里，包裹着一把可以点亮世界的火，令人敬佩。所以，请放下你的千般顾虑，勇敢迈出这一步就可以了。

培训授课

作为分享嘉宾或者培训讲师，在企业内部和外部进行授课分享是扩大自己影响力不可或缺的途径。企业有组织经验传承和发展的需求，在发展到一定规模之后，会建立内部培训和分享的机制，鼓励员工走上讲台去授课或者做分享。授课要求更严谨，有标准课件并且需要做讲师认证，而知识、经验和技能的分享相对随意，时间也更灵活。自我营销完全可以融入其中，从自我介绍到为什么自己可以来做这次分享、讲这堂课，再到课程中举自己经历的案例等，能起到"润物细无声"般的自我宣传效果。

如果你的经验、知识和技能有一定的高度和普适性，你还可以把它们带到外部，在行业相关的平台上分享和展示，获得外部的关注。但是，对外分享需要非常谨慎。一方面，要考虑分享的内容是否造成泄密；另一方面，要看所在公司是否允许或者鼓励。如果不好把握，建议不要轻易尝试，避免得不偿失。

所以，在企业内部，如果有授课或分享的机会，只要内容不超出你的能力范围太多，就勇敢去抓住机会，优雅而不失权威地自我营销。即便没有这样的机会，你也可以主动创造机会。例如，自己有一些好的心得、经验或者学会了某个工具等，都可以主动向上级、部门管理者或者公司负责培训和学习的同事提出，他们会很乐意看到你的贡献。

为了让你的授课和分享效果更好，有以下几点小建议。

● **站在观众的角度来思考讲什么和如何讲**。这需要你提前做一些调研功课，可以找感兴趣的潜在观众征询意见。

● **每次的授课和分享要重点突出，避免过多信息堆砌**。初讲者常常容易犯一个错误，即有很多很有价值的内容想要倾囊相授，导致分享的内容严重超出了观众在短时间内能接收的范围，这会起到反作用。建议每次分享传递不超过5个重点。

● **课件或分享材料务必要有清晰的逻辑结构**。基于逻辑的理性思维能力，是我们在上一章中提到的三项核心基础能力之一，可以通过学习《金字塔原理》和《结构思考力》来提高。

公开发表文章

发表文章是诸多内秀型选手的偏好，自我营销的效果也非常显著。尤其是当看到自己写的文字被企业内部或者外部人员引用、转载时，那份被看见的欣慰和价值感，堪比内啡肽效应。写文章也是个人思考和沉淀知识经验的好办法。

大企业通常有内部的知识共享平台，有的还分部门建立了官方性质的公众号，可以投稿。你需要做的，只是**持续地整理和输出，适时地将文章转发和分享给有需要的人群**。关于你的实力，不需要你开口，文字会帮你说话。

第3章 机会关：让影响力与机会形影相随

平台答疑解惑

平台答疑解惑对我们的写作能力要求低一些，是一种能将自己的价值最直接地贡献给有需要者的方式。所以，在企业内外部的知识分享平台上答疑解惑也是不容错过的自我营销形式。企业通常在达到一定规模后才会自建知识分享平台，在此之前，要想展示自己的实力以扩大影响力，可以在不与自己所在公司产生利益冲突的平台上进行，比如知乎等。

其他自我展示方式

还有一个自我营销的方式值得一提——个人微信朋友圈管理。

微信是工作生活的一部分。翻开你同事的朋友圈看看，有多少人设置了3天可见？有多少人设置了1个月可见？又有多少人设置了半年可见？哪种选择都是自己状态的呈现，或者为了减少同事的误会，或者为了区分工作和生活，又或者纯粹是因为懒得发朋友圈。

对于一个需要做自我营销的人来说，开放朋友圈非常有必要，建议展示的时间至少为3个月。要达到引发注意和被别人记住的目的，需要至少每天发一条朋友圈以确保被看见，还需要采取图文并茂的方式，以抓住他人的注意力。发的内容可以包括但不限于：

- 工作中取得的阶段性成果；
- 工作过程中遇到的趣事和人；

- 自己正在思考的问题；
- 与专业相关的文章（附上自己的评论）。

还有其他可以增强自身影响力的推广方式，例如做短视频自媒体。但是在这里不做推荐，原因有两方面：做出一条好的、能够体现个人价值的短视频，其难度远大于发朋友圈和写篇小短文，耗时长且难以持续；需要投入的时间较多，可能会引发他人的负面论断，例如"工作量不饱和"等。

以上推荐的自我营销形式，不一定每一种都适合所有人，你需要根据自己的特点和偏好，选择 1~2 种来做自我推广，原则是既能够充分展示你优势的一面，又尽量避免暴露短板。

期待你也能成为那个"明知她在凡尔赛，但我就是爱"的女主角。

〈 思考与练习 〉

1. 结合你的特点，请在下表中选出适合你的自我营销方式，并且对这些选项进行优先级排序。
2. 根据你选择的方式，列出你将具体采取什么行动，什么时候开始。这样做的好处是，让你更容易行动起来，而不是停留在想法上。

自我营销方式评估

方式	适合程度（1~5分）	优先顺序排序
会议上展示自己		
参加公众演讲		
分享或授课		
发表文章		
平台答疑		
朋友圈展示		
其他		

主动构建人脉圈，在关键时刻获得他人的支持

在内外部建立有助益的人脉关系网络，在各个环节和时间节点提供支持和帮助，是建立个人影响力的又一法宝。在职场上，获得职位晋升或者专业能力的提升是一条明确的发展路径。晋升的机会通常会以稀缺的姿态呈现，尤其是在有规模的大平台上。假如我们要"以个人之力撬起地球"，那必须要有杠杆和支点，如果说自己的能力是那根杠杆的话，支持性的人脉就是那个起关键作用的支点。

职场内部的支持性人脉，可以在你遇到想不明白的问题时提供指导，在需要协调资源时帮忙沟通，在晋升考察中提供积极的反馈，在你遭遇不公对待时帮忙说公道话，在你需要机会时提供机会，等等，其重要性不言而喻。综观所有在职场上发展得好的女性，背后都有<u>赏识她的伯乐、辅导她的导师、爱护她的前辈、一起奋斗的战友以及关心她的朋友</u>。除了含着金汤匙出生的少数幸运儿，大部分人都需要通过努力和付出来赢得这些支持力量。

前面分享的案例中，我们看到宁音有欣赏她认真负责和技术实力的总经理，Carie 有给她提供很多指导的导师，Emily 有给她提供超常机会的高管大佬，等等，这些关键人物都是她们努力过程和优秀结果的见证者。

第3章 机会关：让影响力与机会形影相随

除了职场内部的支持性人脉，还有外部的重要人脉关系，包括能为我们提供行业信息的专家，帮助我们建立行业内人际链接的业内人士，帮我们放大影响力的传播者，等等。他们的支持，能够为我们在职场内部晋升或者切换平台和赛道提供助力。要获得这些支持，我们需要用心地、主动地建设和经营。

从何做起？

从盘点清晰自己的人脉关系现状，评估如何优化开始。

建立在互惠价值上的关系才是人脉的真谛

通关：职场女性如何少走弯路

1. 盘点人脉

人脉资源是宝贵的，我们可以借用财务的"盘点"概念来梳理自己的人脉，弄清现状，发现问题，依次对目标和计划做调整。

在《正念领导：麦肯锡领导力方法》(乔安娜·巴斯、约翰妮·拉沃伊)中，介绍了一个盘点社交网络关系的工具。为了验证这个工具的有效性，我自己做了测试，并在一些教练辅导中使用，发现它很直观方便，效果很好。为了使之符合我们的语言和思维习惯，我结合实际应用环境对这个工具做了一点调整并将其制作成一个可视化的模板，方便读者拿来即用。

首先，我们要把自己现有社交网络中的人，分成七个类别并逐一列出来，如下表所示。

在脑中扫描一下自己认识的人，从与自己当前在公司获得发展有关的视角出发，把人员填入名单中，不需要考虑与自己关系的紧密程度，建议至少列出 20 个人名。如果有的人可以归到多个类别，将他们归到一个你认为对你最重要的类别即可，不要重复。

类别	说明	名单
信息提供者	能够提供内外部重要信息，帮助你更好地做判断的人，例如上级、相关项目负责人、跨团队的成员等	
指导帮助者	能够给你提供建议、辅导和反馈，帮助你成长的人，例如上级、导师、前辈等	

续表

类别	说明	名单
资源分配者	掌握着你成功所需要的资源如人力、财力的人，例如上级或更高层级的人等	
机会提供者	能够为你提供更好机会的人，例如上级、客户、猎头等	
合作伙伴	与你有共同的利益或者目标，可以合作的人，例如同事、外部伙伴等	
情感支持者	能够听你倾诉，给你情感上的支持，愿意帮助你的人，例如家人、朋友	
社交链接者	能够帮助你打开社交链接的人	

认真回顾后，找到 20 个人应该不会太难。这些人脉覆盖的人群可能会以你目前所在组织的人员为主，包含部分外部人员，例如行业内的协会成员和自己的家人、朋友等。

然后，根据人脉资源与自己的关系，绘制人脉地图。

准备一张 A4 纸和一盒彩笔，根据上一步列出的人脉名单中每个人与自己以及目标的关系，按照下列步骤绘制出一张可视化的人脉地图。当人脉地图完成之后，你可以一目了然地看到自己的人脉关系模式、优势和不足以及下一步要做什么调整。

第一步：写下愿景或目标。

横放 A4 纸，在纸的中心画一个椭圆，并在椭圆中写下自己的长期愿景或者近半年到一年最重要的一个短期目标。这一步的作用是在心中先锚定一个点，让后续所有的步骤都围绕这个点来进行，以确保在梳理过程中不迷失焦点。

第二步：在相应的位置填入人员。

把前面已经分类梳理出来的关系网络人员，根据不同人员与愿景或目标的关系或影响程度，写在相应的位置上。影响越大，所写的位置越靠近中心愿景或目标。这样做的目的是让我们能够直观地看到哪些人是实现愿景或目标的重要资源，哪些人可能不是。

第三步：通过颜色新增人员分类。

在每个名字外画一个三角形，用不同颜色区分类别，例如部门内人员、公司外客户、家人朋友等。这样做的好处是，在我们画完了整个人脉地图后，能够一目了然地看到自己的关键人脉资源都属于哪些类型，是如何分布的。

第四步：标注与他们的信任程度。

用线连接人名和中心的愿景或者目标。线条越粗，代表你和她或他之间的信任程度越高。新建立起来或者还没有建立信任关系的，用虚线连接；对于已经破裂或被破坏的关系，在线上打一个叉。

第五步：标注与他们的互惠关系。

在上一步画出的连接线末端画上箭头表示自己与每个人之间的互惠关系。箭头指向对方，表示自己曾帮助过她或他。箭头指向中心的愿景或者目标，则表示自己接受过对方的帮助。线条两端都有箭头表示相互有过帮助，彼此间是一种互惠的关系。相对于非互惠关系而言，互惠关系更牢靠也更长久。

第六步：标注关系的能量属性。

人与人之间的关系也有能量属性。我们会有这样的经历：跟某些人交流互动会感到很愉快，常常感到与对方很同频，交流过程很轻松，而且会感到被赋能或受到启发等，这是激发能量的关系。但是，在跟另一些人交流互动时，会感到很大的压力，自己疲于应付，又或者是有一种被消耗和拖累的感受，这是能量消耗型的关系。

请在自己已经画好的信任线旁边，分别用黑色、棕色笔画上锯齿线，黑色表示消耗能量，棕色表示激发能量。

激发能量或者消耗能量与实现愿景或者目标之间并没有直接的关系，只是会影响我们个人的状态。所以，识别出关系的能量属性之后，我们可以有针对性地做出调整，有意识地把时间多放在激发能量型关系中，在与不可避免的能量消耗型关系互动之后，及时做自我调节，以恢复自己良好的状态。

第七步：圈出自己的支持者。

支持者是那些关心我们的事业和生活，相信我们的能力和表现，愿意为我们承担风险，想尽办法提供帮助的人。支持者对我们在事业上取得成绩有着非常重大的影响，可以称之为真正的"贵人"，非常值得投入精力去培育。用深颜色的彩笔圈出已经明确的支持者，用稍浅一点颜色的笔圈出未来可能成为支持者的人，也就是潜在支持者。

到这一步，就已经完成了自己的人脉地图绘制。下图是一张完整的人脉地图范例。

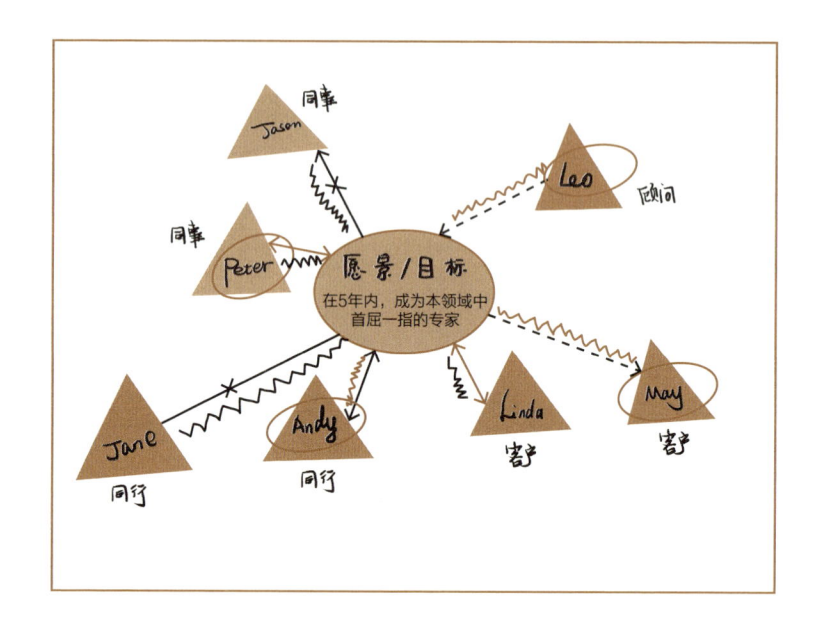

最后，审视人脉地图并做出改变。

有了可视化的人脉地图，我们就可以对自己的人脉关系网络和人际关系模式进行审视，强化好的方面，调整有问题的方面。

我们可以通过回答以下问题，来有逻辑结构地审视自己的人脉关系网络。

（1）这张人脉地图呈现的结果，有什么是令自己感到惊讶的？

（2）这张人脉地图呈现出什么特点？例如支持者少、自己付出多、缺少信任关系、以能量消耗型关系为主等。

（3）为什么会呈现这样的特点？跟自己的思维方式、习惯、偏好有什么关系？

（4）在人际关系互动中，自己非常需要什么？如何能够满足这些需要？

（5）有什么会妨碍这些需求得到满足？

（6）要做出什么调整和改变？

（7）重新修改一次人脉地图，请加入新的名字，划掉对自己实现愿景没有帮助且很消耗自己的名字。

（8）要把哪些重要的关系从消耗能量的状态转变为激发能量的状态？

（9）希望把哪些人培养成自己的支持者或潜在支持者？自己又想成为哪些人的支持者？

根据以上列出的问题，逐一认真思考并且写出答案，这样我们就会很清楚，关于人脉关系这件事，接下来应该做什么，并且制定一个加强社交网络的行动计划。

要特别留意与直接上司的关系

在审视自己的人脉地图时，有特别留意自己和直接上司之间的关系怎样？信任的程度如何？相互之间是互惠的关系吗？她或者他是自己的支持者吗？如果不是，是什么原因造成的？

之所以要特别关注与直接上司的关系，是因为直接上司是整个人脉地图中对于我们的职场发展有最直接影响的关键利益关系人。直接上司是信息的重要来源，掌握着下属绩效的评价权、资源和机会的分配权，也是企业组织中的责任承担者。

通关：职场女性如何少走弯路

令人遗憾的是，"与直接上司的关系不好"是最常遇到的咨询和教练主题之一。作为下属，对上司的吐槽甚至是控诉，通常是这样的：

- 能力不行，凭什么坐在这个位置上？
- 对我这一块儿业务根本不懂，还瞎指挥，刷存在感。
- 对我不公平，给我穿小鞋，好机会都留给自己人。
- 只有指责，没有表扬，毫不在意我的自尊，赤裸裸地PUA我。
- 不尊重我的休息时间，经常在下班时间或者周末给我安排任务，还说"马上要"。
- 明明是我做的，向上面汇报时却都成了她／他的功劳。
- 每次让我做方案，交上去说不是她／他想要的，又不说想要什么，打发我一句"你再想想"。
- 一个方案，都改了十几遍了，最后说还是第一个吧。

……

我相信每一条吐槽都是真实的存在，给人造成了心理伤害。鲜少有天生的优秀管理者，我们见到的绝大多数口碑很好的管理者，都是在实践总结和不断学习中养成的。我们在做管理干部的培训时，也会向管理者强调如何做一位更受下属尊重的领导者，而避免出现那句名言——"为这家公司而来，却因上级而离开"（原文：Coming for the company, but leaving for the manager）所描述的双输悲剧。

但是，切换到另外一个角度看，在企业组织中还存在着以

第3章 机会关：让影响力与机会形影相随

下一些不容忽视的事实。

每位上司之所以能坐在这个位置上，是因为她或者他具备一项或者多项企业所需要的能力和优势，而且暂时不可替代。

上司作为团队管理者，并不需要精通团队中的所有专业和技术，更重要的是能够统观全局，做好组织协调分配，激发团队成员，使团队成员能力互补，形成一支有战斗力的团队。"如果上司不懂我们的专业，那么如何让上司更容易理解我们的专业，以做出更正确的指挥和决策，便是我们的责任。"

每位管理者身上都背负着来自组织要求的责任和指标，责任和指标意味着压力，也意味着机会。如何能够更好地完成这些任务，是每位管理者无时无刻不在思考的问题。所以，上级理所当然更愿意将任务交给能力强的、态度积极的、沟通顺畅内耗少的、信任关系好的团队成员。任务完成得漂亮，团队的管理者有功，做任务时出状况，当然责任这口"黑锅"也是团队管理者去背。

市场竞争的环境变化快，也有不断面对变化和挑战的上司，所以紧急任务会不时地冒出来，加班的紧急任务也常有。再厉害的人，也不能保证每次都做出准确的判断，每次都把方案思路理得特别清楚，所以需要很多的信息输入。例如，下属提供的不同方案就是重要的输入。

总之，这些事情每天都在企业中发生，尤其是充满活力的、在市场上处于领先位置的企业。如何把这些事实带来的负面影响降到最低，是领导力这个学科一直在研究的问题，归根结底，是要将相关的沟通过程变得更加顺畅和令人愉悦。说沟通是一切，也不为过。

与直接上司建立和保持良好的信任关系，需要双向奔赴。上司作为管理者，要学习和提升管理能力和领导力。下属则要学习如何适应上司的风格，帮助上司成功，从而获得自己的价值感和发展机会。作为下属，如果认为这个平台还能给自己带来价值的话，我们能做的便是把情绪暂时隐藏，从适应上司的要求入手，让自己的工作软环境变得更宜人。

回归到关系的底层——沟通这个维度上，美国著名的人际关系学大师戴尔·卡耐基（Dale Carnegie）在《女人的格局决定结局》一书中说，"跟人说话让人舒服的程度，直接决定了你成功的高度"。所以，适应上司，不妨试试从如何说话让人舒服入手。

2. 培育高质量人脉

接受过批判性思维或者结构性思维训练的读者，看到"培育高质量人脉"这个标题，头脑中冒出的第一个念头，可能就是"什么是高质量人脉？"，并且会意识到，每一种定性的描述都有语境和前提条件。在这里，高质量有两重含义：一是高质量的人，二是高质量的关系。

高质量的人脉，特指有益于我们在职场上获得发展的人际关系网络，是能够为我们提供职场发展所需信息的人，能够为我们提供指导帮助的人，能够为我们提供资源和机会的人，这不仅包含企业内部的上级、更高层级的管理者、跨团队的合作者等，还包含外部的客户、供应商、行业协会、专家老师等。高质量的关系，则是指双方之间是有信任的，能够产生积极能量，促进双方成长。

人脉关系网络从建立到维护需要时间，高质量的人脉网络更加需要勇气和用心经营。公众号"奴隶社会"的创办人、麦肯锡前合伙人李一诺曾写到，自己从这些年的职场经历中，总结出三个最重要的能力，其中之一就是构建深层有益关系的能力。这是她在为康妮的畅销书《如何结交比你更优秀的人》所写的推荐序中所提到的。难以想象，像李一诺这样有公众影响力，且职业经历闪耀光辉的女性，也曾经历过在构建人脉关系上"不愿、不敢和不会"的过程。这说明，大多数的女性都一样，在构建人脉这件事情上，要首先突破心理上的障碍，然后学习有效的方法。我也不擅长社交，因为从小性格就偏内向、胆小，曾经很长时间一直带着"小镇做题家"式的标签，面对周围非常优秀的人，倍感压力和自卑。在社交面前，我要跨越一条心理上的鸿沟，所以我花了很多时间和精力做社交的自我心理建设。直到我投入了大量的时间学习NLP（一门应用心理学科）、职业生涯规划、各种自我认知的测评工具、各种和工作相关的专业知识技能后，并把这些知识技能应用起来形成了自己的优势，我才能够在社交中保持一点"心无挂碍"的随缘心态。

当然，我并没有像一些自带光环的主角人物那样逆袭，然后建立起强大无敌的人脉关系网络。但是，至少在我工作需要帮助的时候，总有前辈、老师、朋友和合作伙伴向我伸出援手。不存在所谓的高端人脉，但大部分都是高质量的支持关系。我总结有两方面的原因：一是我一直很努力，坚持让自己每天比前一天进步一点点，这不仅会给自己希望，也会让别人对我有信心；二是因为只要在我的能力范围之内，我很乐意帮助别人，而且我对人比较真诚和用心，常怀感恩之心，这容易带来信任。

我想，只要自己不放弃，总能建立自己的人脉关系，只要持续不懈地努力，总会打开自己的事业天地。

如何培育有助于我们职场发展的人际关系网络？我从职场发展很成功的标杆女性的经验里，整理了一些值得学习的建议。

首先，建立一个良好的基本面，这是前提。

这个良好的基本面，包括工作结果上有令人满意的表现，能力上有一到两个突出项，为人方面有品质保证。前两个方面能保障你有一张与人建立关系的"名片"，第三个方面能保障建立的关系维持得久一些。

其次，在方法上做一些积极的尝试。

在企业内部，上级、更高层级的管理者、跨团队的合作者甚至是跨团队的上级（斜线上级）等，都是有助于你职场发展的重要人。与上级的关系在前面已经提到，作为下属要适应上级的风格，为上级分忧等，而更高层领导或者其他人，则可以使用一定的技巧，将生硬或者冷淡的工作关系转变为有温度的人际关系。

找共同点和关注点，建立链接，提供帮助

这一条特别适用于刚接触的人。找到彼此非工作上的共同点，就有了非正式交流互动的话题，后续维持频繁的互动，使彼此的关系超越生硬的工作关系。

有两个百试不爽的话题——个人爱好和关注点。个人爱好譬如某项具体的运动、娱乐活动、养宠物、摄影等。个人的关注点通常是遇到的一些重要但是尚未找到好办法的主题，例如育儿经验、择校，甚至是家人的生活需求，例如医院床位、抢票等。

这些共同点和关注点能够为建立链接提供支点，例如共同的爱好可以成为一个重要的社交环节。在我服务过的企业中，有下班或周末一起打麻将的麻将团，还有狼人杀团、跑步团、羽毛球团等，都是自主约的活动，在这些活动中大家与关键利益关系人互动很多，这样不仅有链接，而且保持了相对频繁的沟通，关系也远远超越了工作关系。

关注对方生活中的关注点，提供重要的信息，甚至帮助对方解决问题，就建立起了"互惠"的关系。一个人哪怕位置再高，也总会遇到一些事情是自己不擅长或者处理得不太顺利的，如果你关注到这个点，并为对方提供及时的支持，将迅速地把双方的关系从工作关系推向互助关系。例如，我以前有位同事，做事细心、谨慎，她了解到跨级的老板想要帮父母搞定极其难抢到的高铁票，正好有她认识的人可以帮忙，于是她主动提出帮跨级老板搞定这个事情。为此，跨级老板对她赞叹有加，后来每次需要购票都会找她，这使得她和跨级老板之间的信任关系升温，在获得信息上也多了一个渠道。

主动寻求建议和帮助

当在工作中遇到困难或者需要信息时，可以主动提出请对方喝杯咖啡，向对方请教问题。如果不是有特殊情况，通常对方会赴约，因为被人请教是一件令人愉悦的事情。请教完之后，在表示感谢的同时，要主动向对方反馈你关于这个问题的进展。我不推荐一开始就提出请吃饭，原因是吃饭耗费的时间长，容易让人感觉私人时间被占用很久，而且每个人的口味有差异，在还不够了解的情况下请吃饭有风险。

为对方提供价值

职场上的关系最终要回归到工作上，要想让关系从建立到稳固，最关键的还是帮助对方取得工作成果，完成业绩任务。这就是为对方提供价值。在建立了联系后，你会有机会了解到对方现在工作的重点和难题，可以通过分享有帮助的文章、思路和其他资源，甚至参与到与对方的共创讨论中来提供支持。

如果在实际项目合作中，你可以设计双赢的策略，关注对方的利益，在对方需要时伸出援手，等等。你提供的这些实实在在的价值，会成为你培育高质量支持人脉的"灵丹妙药"。

以上这些策略也适合于希望与之建立良好关系的外部人员，

在具体操作上做一些动作的微调即可。

如果把建立有助于职场发展的高质量人脉关系,比喻成一场没有终点的马拉松的话,社交认识人是起点,维护和增进这段关系则是跑步的全程,只要职场的发展需求不结束,经营维护关系就不能停。如果你还想了解一些更加具体的社交小技巧,非常建议你读一读专门讲社交的书籍。我推荐这几本:《如何结交比你更优秀的人》(康妮)、《别独自用餐》(基思·法拉奇)、《如何克服社交焦虑》(埃伦·亨德里克森)。

〈 思考与练习 〉

1. 请使用下面这张人脉地图模板,盘点一下你的人脉资源,并审视自己的人脉地图。

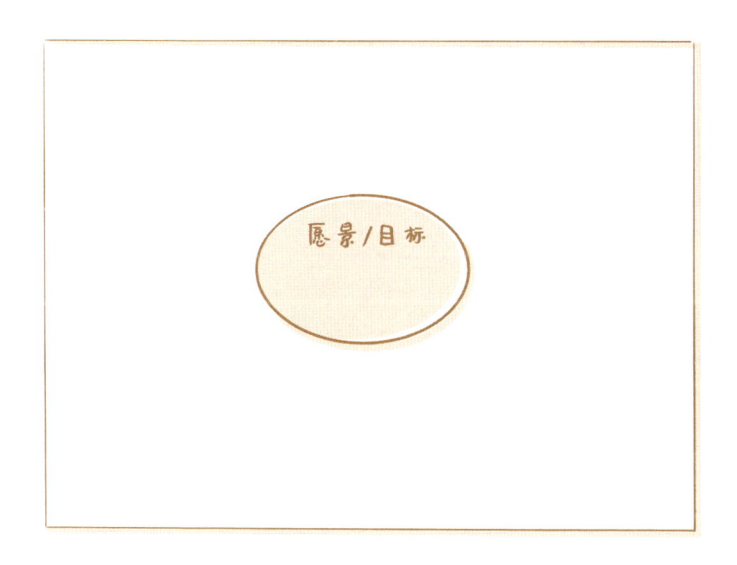

愿景/目标

通关：职场女性如何少走弯路

2. 在自己的人脉地图中有什么重要的发现？你决定接下来做点什么？
3. 请试着完成你培育高质量人脉的行动计划。

第 4 章

▼

自信关：用信心为自己护航

先相信自己,然后别人才会相信你。

——罗曼·罗兰(Romain Rolland)

第4章 自信关：用信心为自己护航

上一章讲构建人脉关系时，提到很多女性或多或少不愿或不敢结交人脉，这实际上是缺乏社交自信的表现。社交自信体现在能泰然自若地与人建立联系和交流，这需要建立在良好的自信心基础之上。

进入正文之前，邀请你来测一测自己的自信心程度如何。

测试说明：

以下是一组有关自我感觉的句子，请按你的情况选择答案。

1 = 很不同意　2 = 不同意　3 = 同意　4 = 很同意

（1）我认为自己是个有价值的人，至少基本上是与别人相等的。1　2　3　4

（2）我觉得我有很多优点。1　2　3　4

（3）总括来说，我觉得我是一个失败者。®　1　2　3　4

（4）我做事的能力和大部分人一样好。1　2　3　4

（5）我觉得自己没有什么值得骄傲的。®　1　2　3　4

（6）我对于自己抱着肯定的态度。1　2　3　4

（7）总括而言，我对自己感到满意。1　2　3　4

（8）我希望能够更多地尊重自己。®　1　2　3　4

（9）有时候我确实觉得自己很无用。®　1　2　3　4

（10）有时候我认为自己一无是处。⑱　1　2　3　4

将每道题的分数加起来，形成总分。其中，"⑱"表示该测试项要反过来计分，比如你的答案是"1，很不同意"，记4分。

这是美国心理学家罗森伯格（M. Rosenberg）制定的《自信心量表》，也被称为罗森伯格自信心测试，是心理学界常用于评估自信心的问卷之一。请在本章的最后查看测试结果描述。

完成评估后，对照结果，看你的自信程度处于什么位置。

解码自信，找到女性自信的根源

1. 永恒的话题

自信是一个永恒的话题，尤其对于追求职业发展的女性而言。

常春藤盟校之一的康奈尔大学，在2018年公布了一项研究成果，"男性通常高估自己的能力和技能，而女性则低估自己的能力和技能。"这是一个社会现象。所以我们在职场上，常常发现身边的男性似乎对自己的能力非常有信心，男性倾向于先把自己设想为某一领域的专家，然后再在工作中学习，较少有顾虑。

我先生就是我身边最典型的例子。他前两年转型，在朋友的邀请下开始联合创业，从事一项他从来没有做过的业务。我们有时会一起探讨工作中遇到的问题，分析他公司业务经营的状况。我非常明确地看到他在创业中存在一些显而易见的问题，比如经验、策略和市场信息掌握不足等，但他却可以非常自信地说出一些逻辑自洽的理由，证明他的"英明神武"和"尽在掌握中"。事实上，经过时间检验，那些问题的确存在，而且应该更早就采取行动解决，那时他又会说"这些都是摸索学习的成本"。我认为他这是盲目自信，他却说这是积极乐观。不过，我也认同这些特质有很积极的作用，支撑他面对巨大的压力。

与男性不同的是，在大多数情况下，女性对某个职位感兴趣或者在公司内部看中某个机会时，会花很长时间斟酌，征询不同人的意见。当感到自己已经思考清楚、准备很充分之后，才会投简历或者向人力资源部门提出申请。在这个斟酌和准备的时间里，就有可能与机会擦肩而过。

在职业道路上，女性作为被赞誉"能顶半边天"的参与者，既要与自信满满的男性共同参与竞争，又要承担着女儿、妻子、母亲的职责，还暗搓搓地因自我评估甚至自我打击而内耗。

要如何破？得先探究女性缺乏自信的根源。

2. 女性缺乏自信的根源

下面这些对职场女性的评价，你听说过几个？又认同几个？
- "女性不喜欢谈判。"
- "女性不喜欢掌握权力。"
- "女性更容易受情绪影响。"
- "女性更喜欢被照顾。"
- "女性不能承担高压力。"
- "女性更喜欢轻松的工作。"
- "女性有孩子要照顾，不能加班。"
- "女性并不是真的想当领导。"

这些是社会对女性已经形成的刻板印象，给全体女性统一贴上了标签。在企业招聘和人才晋升中，这些刻板印象会不自觉地被纳入考虑。它们的另外一面，却是对女性的高要求。两者就像一对矛盾体一样，在"抗争"中前行。

即便到了现在这个年代，社会对女性还是有这样或那样的要求。

- "女性要有体面的工作和收入。"
- "女性要保持学习和成长。"
- "女性要负责养育出成绩优秀、综合素质高的孩子。"
- "女性要善于处理关系。"
- "女性最好把家里收拾整齐，能做得一手好菜。"

……

有的女性在潜意识里已经认同了这份"完美期待"，在全力雕刻自己的路上筋疲力尽。女性带着无数的挫败感参与到职场"竞赛"中，相信自己有能力搞定的自信无从建立。

从更深层次的分析来看，女性在职业发展这条路上，自信不足来自以下"三座大山"。

第一座大山是千年的历史。从封建社会的纲常伦理，到现代社会虽然倡导男女平等理念但实际上职场由男性主导的现实。我们读叔本华的《人生智慧》，从他的哲学思想中汲取养分，却未必知道他这样评论女性："女性只应在家庭里做全职主妇，将全身心投入家务劳动中。年轻的女孩应以此为榜样，我们不能使她们骄傲，而要教她们如何劳动和顺服。"弗洛伊德开创了精神分析学派，在心理学界享有绝对不可替代的权威地位，但是他对女性的评价却让人如芒刺背。他说："许多女性智力低下，这是一个不争的事实。这必须归因于思想的抑制，这种抑制对性压抑是必需的。"我们长期在这种男性主导权力的环境中生存，展现天然的自信谈何容易！

第二座大山是社会的规训。在过去的 30 年里，社会对完美女性的定义，以及影视荧幕上的情节、营销广告中的口号一直在"现身说法"地告诉女性要美，而且塑身和瘦才是美，引发了女性的容貌焦虑。人们也喜欢对女性该有的样子下定义，认为女性应该温柔、体贴、细心。婆婆常常期望儿媳温柔顾家还孝顺。如果女性在事业上打拼出一点成绩，就会被冠以"女强人"的称号。如果女性手上有财富积累，就会被称为"富婆"。本来这些称号可以视为中性词，但是当人们讨论时带着长长的"哦"音时，容易让"女强人"和"富婆"产生歧义。

第三座大山是家庭成长环境。童年是培养自信的重要时期，需要父母无条件的爱和回应。但是教育知识的匮乏和传统的"打击教育"，让部分人没有自信。这又给女性在职场上勇敢积极地表现和争取增加了一道屏障。

在这里呈现女性在职业道路上自信不足的客观原因，是希望那些总是把责任揽到自己身上的女性，放下自责，把注意力放在如何提升自信上。

幸运的是，女性的自我认可度正在提高，逐渐可以理性对待外在要求，影响整个环境。研究表明，女性随着年龄的增加会变得更加自信，男性则恰好相反。由美国心理协会出版的《心理学通报》上发表的一项研究成果显示，60 岁的女性群体进入自信的高峰期。

3. 解码自信

尽管受到历史、社会和成长环境等客观因素的影响，女性在职场上的自信程度不如男性，但是我们依然能够看到不少光彩照人、业绩突出的女性，从她们身上看到自信的光芒。想要真正让自己自信起来，请先完整地理解"自信"背后的规律。

心理学上对自信的定义是"**个体对自我价值的意识、感受，以及从中获得的某种信心**"。自信的人认为自己有能力实现设定的目标，相信自己的能力、才华和效率；自信的人不需要征求别人的意见来获得认可；自信的人对自身优缺点有充分的认识，能以坦诚的态度面对自己的需求和挑战；自信的人能做到自我接纳，坦然接受和消化失败，把失败当作人生的常态。

研究表明，造成人们不自信的原因，通常有以下五个。

第一，过高的期望值。

对自己的行为永远不满意，总是对自己提出更高的要求，不允许自己犯错。这是"完美主义"的特征，让自己活得特别累。

第二，苛刻的自我评价。

最典型的表现是对自己进行负面的评价，认为自己没有能力、不讨人喜欢、随时可能把事情搞砸。如果自己取得成功，会产生"我不过是侥幸，随时会被戳穿"的心理。这让自己长期处于低能量状态之中。

第三，过分关注恐惧情绪。

具体表现为害怕出错、被拒绝、失败等一切在工作和生活中都必定会经历的不愉快过程。如果一直太关注这些恐惧情绪，会削弱自信心。

第四，缺乏经验。

在完成一些新的任务和事情时，会因为没有这方面的经验而不能把握结果导致信心不足。这是非常普遍的针对单个事件不自信的原因。

第五，缺乏技能。

对于不擅长的事情感到信心不足。这也是非常普遍的单点性的信心不足的原因。

前三种原因属于深层次原因，需要通过有针对性的措施进行长时间的干预。前三种原因对第四种和第五种原因有强化作用。第四种和第五种原因相对容易应对，需要累积经验、学习和锻炼技能，进而获得他人的好评和成功的体验后就能增强信心。

澳大利亚的注册临床心理学家——路斯·哈里斯，长期在治疗、咨询和辅导中使用"认知行为疗法"（cognitive behavioral therapy）和"接纳承诺疗法"（acceptance and commitment therapy），他通过理论的研究和临床实证，为我们重建自信提出了一些不一样但是又很实用的方法，其中包括对自信的拆解。

路斯强调，自信实际上是由两部分组成的，一是自信的自我感受，二是自信的外在表现行为，这两者其实有根本性的差异。"真正的自信"是指无论感受如何，都能够按照自己的价值观行事的能力，即使感到害怕，也相信自己能够去做真正重要的事情。路斯把建立自信比喻为游戏，提出了10条游戏规则。从我们实际遇到的关于自信的问题来看，下面这5条主要的规则非常重要，如果能记住和应用这些规则，对我们建立自信会有非常明显的帮助。

第一，自信的行为先于自信的感觉。有了自信的行为，自信的感觉才会随之而来。

感觉是一种内在的感受，不易被察觉，要调节这些感受非常消耗精神。行为是可以做出来给外部看的，知道自信的行为是怎样的之后，按照这些行为标准去做，会获得来自外部的赞许和信任，进而补齐自己自信的感觉。

比如，南非前总统纳尔逊·曼德拉被关在狱中时，他很清楚如果自己想成为一个好的领导者并激励他的狱友，就必须隐藏自己的恐惧。虽然他无法控制自己的恐惧感受，但是他能够控制自己的面部表情、姿态、走路和说话的方式，并且成功地让周围的人感觉到他无所畏惧。这些行为，真的让他越来越有信心。

矛盾的是，我们常常受困于自信的感觉，而不愿意采取行动，导致陷入死循环。

第二，真正的自信并非毫无恐惧和消极想法，而是转变与恐惧、消极想法的关系。

恐惧是人进化带来的保护机制，当我们遇到真正的挑战时，

"我做不到""我还没准备好"的消极思维就会自动出现。我们虽然无法停止产生负面的想法和感受,但是可以做到不把时间和精力放在与恐惧斗争的内耗上,而是把注意力集中到具体的任务当中去。有效的方式是"脱钩"和"解离",在本章最后一节将举例展开讲解和应用。

第三,自我接纳。

无论我们多有天赋和多努力,都会经历犯错和失败,不要对自己提出苛刻的要求。但是,完美主义者不允许自己犯错和失败,一旦犯错就苛责自己并且造成严重内耗,内耗浪费了太多时间和精力,需要停止批判,善待自己,把自己当作一个值得被关爱的人来接纳,多给自己一些肯定和认可。

第四,达到最佳表现的关键是全身心投入。

想要做好某件事情,必须专注地全身心投入其中。如果想把歌唱好,就需要把注意力放在歌曲本身和情绪表达上。如果想与他人建立良好的社交关系,就需要把注意力放在对方身上,注意他们的面部表情,倾听他们说的话,与他们互动。

在这些我们想拥有完美表现的活动中,如果我们把注意力放在别人的看法和评论上,表现效果可能会大打折扣,自信心也会受到打击。

第五,按照自己的价值观生活。

价值观帮助我们判断什么重要,什么不重要,是我们在人生路上面临不同选择时做决策的依据。同时,价值观会定义我们想做一个什么样的人,要过什么样的生活。可以尝试列出自己的价值观清单,这个清单将帮助我们做出明智选择,从而建立自信的指南针。

这些规则是经过心理咨询案例反复验证过的,可信度很高。但这些规则只是概括性的指南,属于策略层面的建议,要落实到具体的解决办法上,还需做进一步的分解,转变为可以执行的动作。我们将在后续的内容中进一步展开。

〈 思考与练习 〉

1. 根据对本节内容的理解,身为职场女性,你对自信这个话题产生了什么想法或者感受?
2. 结合自我分析找出形成不自信的主要原因是哪些,其中哪些是容易调整的,哪些是不容易调整的?

说"我可以",为自己赢得机会

1. 她们看起来很自信

如前文所述,路斯·哈里斯博士对自信进行了拆解,指出自信由两部分组成:自信的自我感觉和自信的外在表现行为,而自信游戏的核心规则之一就是"自信的行为先于自信的感觉"。带着验证的想法,我计划从那些看起来非常自信的职场女性标杆那里找答案,同时,打算从她们身上找出自信管理的诀窍,以便让更多人借鉴。

作为一家著名的文化演艺公司的首席执行官,Flora 时刻都很从容淡定,给人一种"天塌下来也能搞定"的安全感。我认识 Flora 很多年,我们曾经在一起工作过,但是我从未见过她情绪失控或者慌张的样子。她讲话很有水平,如果采访她,录音输出转文字形成的文稿不需要怎么修改就能当作正式文档。当我问她为何一直这样自信,给人一种"什么事都能搞定"的感觉时,她却说:"啊?我是这样的吗?"

她说她经常对自己没有信心,还老觉得"这个事情好像不怎么行,那个事情也不怎么行"。Flora 甚至和女儿交流自信话题,从和女儿的对话中去审视自信,找到一些思考和答案。我问 Flora 每天在公司遇到各种各样的复杂问题,而且遭受各种

第4章 自信关：用信心为自己护航

打击，她是如何调节自己的信心时，她开玩笑地抛出一句"很多时候发现男人不管用"。按照我的理解，这个幽默背后要表达的是迎战压力下的承担和责任感，但不是信心。

假装信心足，真的会变成自信满分！

宁音是典型的理性思维主导的技术人，经常呈现一种很稳健和很有把握的样子。回想在腾讯工作期间，宁音感到那时的信心是比较强的，甚至同事都评价她"什么都敢接"。原因是她知道所有问题的本质是数据分析，而数据分析是她的强项，所以她有底气。

通关：职场女性如何少走弯路

但是，她告诉我她不能算是一个自信的人，因为她对自己的自信最多只能打 6~7 分（10 分满分）。当老板交给她一项新的任务时，她在深入研究了解细节之前，不会说自己有信心来承担，要评估自己能不能做到，还要看团队能不能支撑，等等。所以，通常她在接新领域有挑战的任务时，会跟老板要求 3~6 个月的时间让她去学习和理解。只有在准备得差不多之后，她才能给自己完成某项具体任务的信心打 8~9 分。

知名度很高的 Emily，大多数时候都给人一种具有很高能量的感觉。她说话语速快，声音高昂，性格爽朗。如果一位瘦小一点的男生站在她身旁，很可能会有压迫感。然而，当我们聊起自信这个话题时，她说这是要分阶段的。大学以前，她感觉自己就是个学渣，哪怕被选为了学生代表，依然对自己没有信心。直到去英国留学后，她相当于重启了学习模式，同时修多门课，考试成绩均为第一。在几年的时间里，她感觉活回了自己，从自我怀疑中找回了一点信心。回国后，几经波折，她对自己有了更完整的认识，在自己擅长的方面会很自信，比如高端人才的挖掘和社交，但是对一些新的领域，也还会有紧张和焦虑，有时不敢承接。当她遇到一些高出自己很多段位的牛人时，同样担心被拒绝。但总体上来说，她认为现在的自信心比以前强了很多。她把 35 岁看作一个分水岭，35 岁以前没自信，35 岁以后因为能力和资源的加持，会呈现自信的样子。她认为是老师、客户、领导、同事帮助她建立了自信。

无论是女 CEO，还是镇定自若、波澜不惊的女 CTO，没有一个人评价自己是一个自信的人。虽然她们的自信心一直处于波动状态，会出现不同程度的紧张，但是她们会因为环境的要求，以及知道如何表现能够产生好影响，而呈现自信的状态。

所以，也许你周围的那些你认为很自信的人，其实只是看起来很自信！

2. 重点是"自信感"

那些看起来很自信的人，都抓住了**"自信感"** 这个关键点。

内心是否真正自信不是最重要的，最重要的是外在表现出来的姿态、语言、动作和行为传递的信号——"请相信我，我能搞定，我值得"。恰恰是这份"自信感"，会为职场人赢得机会，因为下属在上司面前呈现的自信状态，能够给上司带来安全感。在面对客户时，看起来"自信"的销售、顾问或者其他角色，也会让客户感到安心和信赖。

曾经有一次，我有机会和一位高级管理者交流，问他当 A 经理和 B 经理都想要承接一个被集团上下都看重的项目时，他为什么选了 B 经理。我当时很好奇，因为从专业实力和经验来看，A 和 B 并没有什么明显的差别。这位高级管理者说，这个项目是一项全新的任务，对于整个部门来说挑战都非常大，他也不知道最后结果会怎样，特别希望有谁能帮他扛起来。在 A 和 B 之间，唯一影响了他决定的，就是 B 在陈述自己的方案和思路的时候，坚定的语气和胸有成竹的气势，让他相信 B 更能给到他心理上的支持。他觉得 B 更有信心能接下这个挑战。

通关：职场女性如何少走弯路

外在看起来自信的姿态、语言、动作和行为，恰恰是可以脱离"内心真的有自信感"而做到的，这是在路斯·哈里斯博士的临床经验中已经验证过的结论。而且，这些行为会反过来影响心理感受，让人真的变得越来越自信。

〈 思考与练习 〉

请在脑海中回顾，在你所熟知的职场女性中，有谁看起来是很自信的，并记录下令她们看起来很自信的行为、肢体语言、穿着等。这些行为和外在表现，可以成为你的学习点。

自信"女神"分析表

女神名	自信的行为	自信的肢体语言	自信的着装

重塑自我，成为自信的职业女神

内在充满力量、认可自己、相信自己这些内在"自信的感觉"的建立，不像行为的调整那样可以通过快速地模仿自信的姿势、语气、动作等达成，但其又是真正建立自信的根基。那么，有没有一些具体的、有效的、可以操作的方法帮助我们发展出由内而外的自信感觉呢？结合我自己改变的经历、学习的知识技能和其他有过重塑自我经历的朋友给出的建议，我为大家推荐三个行之有效的方法。

1. 种下"心锚"

"心锚"是个心理学上的词，属于条件反射的一种形式，是指人之内心某一心情与行为某一动作或表情链接，而产生的条件反射行动。锚一般指船锚，是一种停船用具，一端用铁链固定在船上，另一端成倒钩的爪形，抛到水底或岸上，以稳定船体，锚点即锚停滞的地方。比如，某一首歌的旋律一响起，我们会立刻回想起过去和这首曲子相关的画面。小时候，奶奶每到过年都要做红米粉酿豆腐，有一股特殊的香料味道。多年后只要闻到那个味道，我就会立刻想起奶奶叫我吃酿豆腐的画面，想起过年的温馨热闹，这就是心锚在起作用。心锚可以是任何能够与感官链接的东西，可以是物品、食物、话语、动作、气味、书籍、衣服等。

我们要建立内在的自信感，可以尝试这个方法：**当某个时刻感到自己有信心时，拍张照片并洗出来，或者做一个庆贺的动作、放一首应景的歌**等。还有更多可以延展的方式，例如把别人当作自己的榜样，这是我在一次讲课时从一位学员身上学到的。

当时我去给一家海归博士创立的储能材料公司讲课，主题是卓越管理者的思维和角色认知，以工作坊的形式进行。参加工作坊的人员中有 40 位管理干部和储备干部，包括董事长和总经理在内。当天的工作坊设置了一个小奖项，是给每个组推举出来的贡献最多的成员颁发一个贡献奖，在工作坊结束时颁奖和合影。就在一切都已经顺利完成，我准备收拾好离开时，一位身材瘦小的女生拿着她刚刚领到的奖品——一本德鲁克的《卓有成效的管理者》跑过来找我要签名。她非常认真地看着我，说请我给她签个名，签在书的扉页上。我笑着和她说这本书可不是我写的，她说她知道，但就是想要我帮她签个名，给她留个纪念，于是我快速给她签了个名，她很认真仔细地把书收起来，这份认真还挺可爱的。

后来我在路上才反应过来，原来她在给自己种"心锚"。

我个子比较矮小，但是在课堂上比较能够抓住学员的注意力，用培训领域专业的话说就是"能控场"。我当天以老师这样一个"权威"角色站在会场中做讲解和引导，现场董事长和总经理也都在认真地听和参与，同样身材瘦小的她，看到这个场景很容易有代入感和被感染。对于小个子的女性而言，这种心理非常容易理解，因为我们或多或少都曾因为身材而苦恼，尤其容易不自信。那天，我的状态恰好向她展示了她希望自己能够做到的样子，而且她得了贡献奖，会给她留下印象，如果再加上我给她签名这个"特别印记"，会加深她的感受。在未来的时间里，她退缩和缺乏自信时，看到这本书会让她想起当天她的表现，还有和她一样个子很小的我在讲台中央的样子。这会强化她对"我也可以像杨老师那样"的认知。

种下强化自己信心的"心锚"，能够起到"情绪唤起"的作用，快速调节不自信引起的低落状态。这个方法很简单，也容易操作，你不妨试试。

2. 调整大脑认知的 NLP 技术

NLP 是 Neuro Linguistic Programming 三个单词的首字母缩写，字面意思是"神经语言程式"，较有影响力的 NLP 老师李中莹把它翻译为"身心语法程序学"。这和人工智能领域的 NLP（Natural Language Processing，自然语言处理）完全是两个领域。

NLP 是一门讲求应用的学问，它研究大脑如何工作，并让我们配合大脑的需求和影响大脑，使人感到成功和快乐。NLP 于 1976 年诞生于美国，发源地是加州大学，由理查德·班德勒（Richard Bandler）和约翰·格林德尔（John Grinder）教授创立。后来经过多位后继研究者和推广者的努力，NLP 被

通关：职场女性如何少走弯路

推广到全世界。现在我们相对熟悉的大师是罗伯特·迪尔茨（Robert Dilts），尤其是他提出的"逻辑层次"具有很大影响力，广泛运用在管理和教学中。NLP这门学问为人们提供了一些实际可行而且快速见效的技巧，帮助人们改变心态，从而提升个人在工作中和与人相处时的表现。

几年前，一个偶然的机会，我去参加人力资源沙龙举办的一次线下活动。当时看到NLP几个字并不了解，只是看到宣传海报上写着有提升个人状态的作用。现场有将近100人，老师是一位常驻广州的NLP专职老师。这位老师现场提出邀请，请一位愿意体验NLP神奇效果的人来做志愿者。当时一位相貌非常普通的女生，勇敢地举起了手。老师问她现在正面临什么困扰，希望在课堂上获得帮助。这位女生说自己最大的困扰是不够自信，希望获得老师的帮助。

当时老师请这位女生站到课堂中间的位置，先提了一些问题，是关于这位女生基本信息的，然后问了几个关键的问题。我印象深刻的是，老师问她什么时候感到自信，什么时候感到不自信。那位女生说自己在投入工作时会感觉很自信，但是回到生活中却非常不自信，所以一直也没有找到男朋友。随即，老师邀请她调整面对的方向，在地上画了2个圈，一个圈代表工作的时候，另一个圈代表生活的时候。老师先请她站在了工作时的圈中，并请她闭上眼睛，在请她描述自己在工作中的自信画面和细节时，老师用手在她的肩膀上轻轻地打节拍，同时追问她自信时内心的感受是怎样的、当时自己脸上的表情是怎

第4章 自信关：用信心为自己护航

样的。从女孩脸上的表情和身体的姿态上，我们完全感受到了她发自内心的自我认可。然后老师请她睁开眼睛，移步到代表生活的圈中。老师让她想象自己下班回到家，回到了生活中，并继续在她的肩膀上打节拍，追问了一些问题。这位女生的自信状态依旧，老师问现场所有的观众感觉她是否自信，我们无一例外地表示惊叹，她的样子看起来神采奕奕，能量满满。那是我第一次接触NLP，有点被震撼到了。

后来，我在工作中遇到了前几章提到过的罗老师，她是香港大学的博士，工作经验非常丰富，当时在我们集团人力资源部担任顾问，辅导我们提升专业能力，带领我们开展集团的人才发展项目工作。那时，罗老师看到我的状态需要调整，推荐我去学习李中莹老师的NLP课程，我才正式走上了NLP的学习之旅。尽管正统的心理学对NLP有一些批评的声音，但是我作为一位亲历者，对NLP的实用性有很坚定的信心。这套理论和方法对于偏感性、偏敏感但是开放、愿意投入体验的人来说效果很明显。过了几年当我再开始学习教练时，接触到一个专门的教练流派——NLP教练，遇到了非常值得尊敬的NLP流派的大师级教练叶世夫老师及他的众多学生。从他们身上发出的温柔却让人充满力量的光，再次验证了NLP技术对提升人的内在能量的作用。

NLP的理论和技巧需要系统地学习，如果你愿意尝试，建议你找资质良好和有好口碑的NLP教育培训机构或者老师进行学习。系统学习加上刻意练习，一定能让你建立起自信。

3. 专注于当下的正念

当我们掌握了完全专注当下不受外界干扰的能力时，是否自信就不再是问题。来自外界的干扰非常多，比如别人的评价、周围的环境等，其中影响我们自信的一个重要因素是"恐惧"，害怕出错、失败给自己带来"恐惧"感受。如果我们沉浸在这些干扰中，就会屏蔽掉我们建立自信的帮手，例如完成有挑战的任务、赢得比赛等。所以我们需要非常专注地投入活动之中，完全不受干扰因素的影响。

在这里我推荐两个方法，一个是在遇到问题时立刻使用的方法，另一个是通过长期训练改变大脑回路使人产生长久的专注力，进而促成自信心养成的方法。

解离法

路斯·哈里斯博士在他所运用的接纳承诺疗法中，提出了一个与干扰自己的负面想法脱钩的方法——解离法。那些影响我们情绪感受的是负面想法，例如"我可能会失败""我很紧张，会出丑""我水平太菜了，比别人差好多""这次可能又是一次糟糕的体验"等，让我们无法专注地投入当下的事情。解离法比较好应用，可以按照以下的步骤来操作。

第一步：当负面的想法产生时，问自己"这个想法对我实现目标有帮助吗"，答案一定是"否"。

第二步：问自己"接下来我最重要的事情是什么"，把注意力拉回到积极的行动上。

第三步：对自己说"我看到××××（具体的负面想法）这个负面想法又来找我了"。

第四步：对自己说"我上了它的当，让我产生了害怕/担心/焦虑（情绪感受）"，承认自己受到了影响。

第五步：想象这些消极思维被装进盒子里锁起来并被扔掉，或者放入水中被冲走。

这样做让我们从负面的想法和情绪中抽离出来，不做反抗或者压抑自己，而是看见并且让它流走，从而将注意力拉回到当下要做的事情上来。这是应对问题时可以马上使用的技巧，有助于在应激情况下保持自信。

正念

正念（mindfulness）也是一个心理学上的词，起源于佛教禅宗的禅修。经过这几年的推广和发展，正念已经被很多人所熟知了，并且在领导力发展领域已经产生了"正念领导力"这个分支，教练中也有"正念教练"。

正念是指用接纳的态度觉察当下的每个体验，可以简单地把它当作注意力训练。它产生的积极作用已经在脑科学领域得到了验证，持续地正念练习可以在减除压力、稳定情绪的同时让人保持思维清晰。

更加具体的方式是"正念冥想"，如观呼吸、身体扫描、步行冥想等形式。具体如何操作，你可以尝试"睿心冥想"，或者在喜马拉雅等开设有专门的正念语音引导课程的平台上，在课程老师的指导下学习,也可以报名参加线下的正念课程学习方法,在家里长期练习。大量的实证研究表明,长期的正念练习会减轻焦虑和抑郁症状,增加主观幸福感,提升专注力和抗干扰能力,而且大脑会变得更敏捷和思路清晰。这一点我自身也有深刻的体会,因为截止到我写这部分内容时,我已经坚持每天打坐 2 小时两年多时间了,受益颇多。

以上推荐的三个方式,经过学习和运用,可以重塑我们对自我的认知,改善完美主义、苛刻的自我评价和对失败的恐惧等造成的不自信。你可以根据自己的实际情况,选择适合自己的方式,重塑自我,成为由内而外自信的职场女主。

除了在这些深层次的认知和意识上做功课,强化自己 1~2 个强项技能,并在工作生活中实际应用,获得他人的正向反馈,能快速地消除技能和经验不足带来的不自信。另外,别忘了这个时代对外表的在意。你在力所能及的条件下,管理好自己的外在形象也能够为自己的自信加分,因为没有人能拒绝"被人们喜爱"所带来的愉悦感。

〈 思考与练习 〉

1. 结合你对自身的认知,你觉得哪种重建自信的方式更适合你?为什么?
2. 为了让自己动起来而不是停留在想法上,请针对提升自信这个目的,列出接下来 1 周、1 个月和 3 个月你将会采取的行动。

附录：《自信心量表》测试结果

（1）10~15分：自卑者。

你对自己缺乏信心，尤其是在陌生人和上级面前，你总是感到自己事事都不如别人，时常感到自卑。你需要大大提高自信心。

（2）16~25分：自我感觉平常者。

你对自己的感觉既不是太好，也不是太差。你在某些场合相当自信，但在其他场合相当自卑，你需要稳定你的自信心。

（3）26~35分：自信者。

你对自己感觉良好。在大多数场合下，你都充满自信，你不会因为在陌生人或上级面前感到紧张，也不会因为没有经验就不敢尝试。你需要在不同场合下调试你的自信心。

（4）36~40分：超级自信者。

你对自己感觉太好了。在几乎所有场合下，你都充满自信，甚至不知道什么叫自卑。你需要学会控制你的自信心，变得谦虚一些。

第 5 章

▼

自主关：始终拥有选择权

没人能伤害你，除非你愿意！

你要忠于自己,这样全世界都会属于你。

——歌德

一切都是"我选择",始终掌握主动权

1. 一位穿越了低谷的副总

Una 是一家国内知名消费品牌企业旗下物业公司的副总经理,兼管人力行政工作。因为疫情和身处不同省市距离较远,我们已经有 2 年时间没有见面了。当我打开视频看到她时,喜悦感扑面而来。眼前这位大方脱俗、温柔干练、脸上散发着光彩的职场女性,和 2 年前相比仿佛换了一个人,让我惊喜不已。我想她一定是进入了甜蜜区,她说现在正在以一种前所未有的良好状态工作和生活。

Una 有两个孩子,现在松弛有度的工作节奏让她能够游刃有余地平衡工作和生活。她说现在自己还算处于平稳上升的阶段,但回望自己十多年来走过的职业道路,其实经历了很多,走过低谷,也体验过高峰。我请她用一句话来概括她的心得体会,她的答案是"保持清醒,保持学习成长"。

从厦门大学毕业后,Una 就留在了厦门工作。关于职业上的发展,她曾经历过 2 次很关键的抉择。其中之一是工作几年之后,她放弃了高薪加入一家在福建非常有影响力的上市国有企业。她很看重这个平台能够带给她的见识和系统学习的机会,这对于一个没什么背景的人来说,在履历上也会获得很多加分。

通关：职场女性如何少走弯路

她非常珍惜这个机会，也很积极地投入工作中，成绩不错。然而，4年后她被迫离开了这家公司，因为她成了职场斗争的牺牲品。这对她来说是一个非常大的打击，有种被抛弃的感觉，曾经有一段时间，经过原来公司楼下就会勾起她的复杂情绪。那算是她职业发展道路上遇到的一个大坎。

我问她是如何挺过来的，她说自己有了这次"被动离职"的经历后，形成了一个习惯——不定期地更新自己简历。这让她能够清醒地认知到自己在职业市场上的竞争力，同时她一直保持学习的习惯。当感到糟糕时，她就投入学习，学习人力资源专业技能、准备司法考试等。这些举动让她不慌张，也为她迎来了与自己期待相匹配的新机会，使她有了更高的职位、更系统的全面视野。

对于"被牺牲"这件事情，Una 说她转换了视角：

"每家公司其实都会遇到问题，这不是我所能掌控的；

企业合并是因为经营发展需要，不是真的因为权力斗争；

领导从全局的利益考虑，也迫于压力，做出了更大的牺牲，大家都没有恶意，这是每个人在职场中都可能会经历的无奈之一；

我恰好是被牺牲的人，而不是被针对，也不是因为我做得不够好；

如果我真的做得不够好，就要学习和调整；

职场其实是人生的修炼场，自己在成长。"

所以 Una 以全新的、积极的姿态投入新的工作，成为一个更加成熟的职场女性，在自己向往的路上探索和收获，呈现了前文我所见到的喜悦状态。现在 Una 可以云淡风轻地说"一切都是修炼"。

在她身上，我看到了什么是"我是我的主宰"。

2. 天赋选择权

不仅 Una 如此，在外企和国内头部智能科技企业都工作过，现在从事着自己非常喜欢的自由职业的 Marta 也这样。从那些在职业路上闪闪发光的女性身上，我看到一个非常显著的共性特点——积极应对。她们很少抱怨，要么在思考如何解决问题，要么在解决问题的路上。

在那些成就赫赫的女性身上，积极面对的作用是如此显著：埃隆·马斯克的母亲即便遭遇了渣男老公的家暴和 PUA，还是以积极的态度和行动面对生活，坚持自己的营养学研究学习、模特事业，兼顾培养好包括马斯克在内的三个孩子。曾经叱咤商场、两次入选《财富》（*Fortune*）杂志全球 50 位最具影响力商界女性的吴士宏，经历了创业失败、身负重债、重度抑郁后，毅然重拾自己，潜心钻入"教练"领域，成为极具影响力的高管教练并出版了《越过山丘：打破人生与事业的迷障》一书。还有许多杰出的职场女性，她们在积极行动中创造了一个又一个高峰体验。

积极面对和采取行动，是高效能人士的 7 个习惯之首——"积极主动"的精髓所在。我们知道，史蒂芬·柯维的"高效能

通关：职场女性如何少走弯路

人士的 7 个习惯"被誉为"让企业和个人永远立于不败之地的制胜法则"，也是世界 500 强企业必会引入的经典培训之一。积极主动是采取主动态度，为自己过去、现在及未来的行为负责，并依据原则及价值观，而非情绪或外在的环境来做决定。所以，积极主动的人对自己的思想、态度和行为负责，并最终为自己的人生负责。在挑战、困难和问题面前，积极主动的人会管理自己的反应。他们在做出反应前，会先停下来认真思考，根据自己的重视程度来选择要做出什么样的回应。

如果作者史蒂芬·柯维看到自己提出的思想在中国被这么多优秀的职场女性实践和检验，应该也会感到很欣慰。但你知道"积极主动"这个习惯背后，所依赖的信念是什么吗？

是"我们拥有选择权"。

学习过《高效能人士的 7 个习惯》的人，一定知道我们身为人类，与生俱来自带四大天赋：自我意识、良知、想象力和独立意志。自我意识（Self-awareness）是我们有对自己的认知，包括思考自己的思维方式。良知（Con-science）是明辨是非、坚持行为的原则，判断思想、言行是否正确的能力。想象力（Imagination）是指超越眼前的现实而在头脑中进行创造的能力。独立意志（Independent Will）是基于自我意识、不受外力影响而采取行动的能力。自我意识和良知让我们可以自我检讨，发现可以改进的地方、可以挖掘的潜能以及有待克服的缺点。想象力与独立意志能配合自我意识，帮助我们确立目标，做出承诺，最后达成目标。这四项天赋，赋予了我们做出选择的权利。

这个"选择权"不是法律规定的"权利",也不是对外在可见的选项做选择的动作,而是心理上的权利。我们在心理上拥有自主做选择的自由,只是我们大多数时候浑然不知。在面对糟糕的境遇时,我们容易被"我不得不……"这个想法困住,这是把自主权交给了外界——让环境、别人、事件等外在控制自己的反应,自己不做自己的主。

不论外界如何干扰,选择以什么样的心态来面对完全取决于自己。只需要在做出反应前暂停一下,觉察自己在想什么、在做什么、想要什么,再采取行动。这是我们生而为人所特有的自我意识和自由意志,是能力,更是权利,是与动物有本质差异的地方。这个权利无法被任何外在的人事物剥夺,除非我们自己放弃,就像罗斯福夫人所说的那句有力但是又温柔至极的名言——"除非你愿意,否则没有人能伤害你"。

3. 选择的能力

尽管我们自带选择的权利,但好像它并不时时在线,就像段誉刚刚学习六脉神剑那样,时灵时不灵。做出积极的选择也是一种能力,凡是能力都需要有方法、有节奏的练习才能真正掌握,直到成为无意识的绝技。这个过程,正如禅语者所说的学修的四个境界:

不知道我不知道——无意识无能力。

知道我不知道——有意识无能力。

知道我知道———有意识有能力。

不知道我知道——无意识有能力。

关于选择，我们正处于从"知道我不知道"通往"知道我知道"的阶梯上，需要拆解动作，通过练习来掌握这种能力。非暴力沟通这门学问对此提供了两个非常有针对性的"积极选择"练习方法。

发现选择的练习

做选择不仅是决定采取某个行为，还包括承担这个选择所带来的责任或者后果。不论是哪一种选择，背后都意味着相应的责任或者后果，我们要决定承受哪一个。可在非暴力沟通的训练中，设置一个专门的"发现选择"练习，通过改变语言描述来发挥转念作用，即把"我不得不"的消极被动转化成为"我选择"的积极主动，从而提升自我效能感。

试着感受一下，"我不得不"和"我只能"等话语说出口，我们立刻就会感受到无奈、被迫和受到伤害，呈现的画面是灰暗无光的，带来的能量是充满消极和愤懑的，引发的动力也是被动和迟疑的。比如：

"我只能通宵加班把方案赶出来，否则我会被项目组其他成员嘲笑。"

"我不得不再去一趟客户那里，否则客户的回款就要拖到明年。"

"我没办法，必须忍气吞声地听老板训斥。"

"我只能配合销售老大的无理要求,谁叫他在老板面前说话嗓门大呢?"

"这个月我必须去上班了,不然家里要断粮了。"

……

正如前文所说,语言会影响心态,心态决定行动。要改变心态,可以从改变语言模式入手。如果将这些消极的语言表达转化成积极主动的语言,转化成能够反映我们自我选择的语言,我们就可以迅速地转念,建立积极而充满动力的内驱。

转化分两步完成。

第一步:描述前面这个陈述背后,反映的"不那样做的影响/后果";第二步:转化为积极选择的陈述 + 得到满足的需要。

示例:

原来的陈述	不这样做的影响	转化为积极选择的陈述 + 得到满足的需要
"我只能通宵加班把方案赶出来,否则我会被项目组其他成员嘲笑。"	"如果我不能赶在明天上班前完成修改后的方案,我们可能会失去这个重要的客户,而项目团队对我的信任会降低。"	"我选择今天晚上加班把方案修改完,因为这样可以帮助我们再争取这个重要客户,我很希望能拿下这个客户,这样我被团队成员信任的需要可以得到满足。"
"我没办法,必须忍气吞声地听老板训斥。"	"如果我不忍气吞声地在这里听老板的训斥,我可能没有机会向老板解释真实遇到的状况和我需要的帮助,因为他在气头上会做出冲动的决定,例如把我调离。"	"我选择现在在这里耐着性子听老板训斥,他脾气发完后才能心平气和地听我解释,给我提供支持。我喜欢这项任务,我能继续做这件事情的需要可以得到满足。"

通过这两个步骤对原有的表述做转变后，负面或者压力事件本身没有改变，但是我们对事件本身的评价和感受发生了变化，心态从"我被迫"的无奈被动向"我选择"的积极主动做了华丽的转变。这个练习叫作"发现选择练习"。

所有的行为，背后都隐藏着意图；

所有的负面情绪，背后都隐藏着未被满足的需求；

所有的负面表达，背后都隐藏着未被表达的负面情绪。

所有这些让人感受到沉重的负面表达，都可以通过这样的"发现选择练习"来转化，变成"我选择"的语言，把动力和能量提起来。经常性地练习能够帮助我们转变语言模式，从而改变思维模式，把"我选择"收入潜意识中，也就迈向了"不知道我知道"的境界。

解读与回应的练习

在非暴力沟通中，最能让人获得内心自由的理念就是，**我们拥有如何解读和回应别人的选择权**。基于这个理念，我们在面对来自别人的挑战或者麻烦的刺激时，可以通过"解读与回应"练习来建立选择的能力。

当面对别人的刺激时，我们有四种回应选择。

关注自己；

关注他人；

同理心回应感受与需求；

非同理心地评价、评判和责备。

这四种回应可以构成一个矩阵。其中关注自己或者关注他人，是在对话中灵活变动的，有时需要关注自己，有时需要关注他人。非同理心地评价、评判和责备是缺乏生命链接的方式，会进一步引发令人不愉悦的结果。所以在压力性的对话中，以同理心的方式回应自己和他人都是具有积极意义的选择。

下面以上级对我的绩效结果打差评的例子来说明。

刺激源：上级A找我说"这半年你的工作成果没有达到目标，按照公司的规定，我给你的绩效结果是C，对年终奖会有影响"。

回应选择：

	非同理心回应：评价、评判、责备	同理心回应：感受与需求
关注自己	责备自己："我很失败，我能力不行，我不配担任整个岗位。"	同理自己："我很难过，为了好的结果我付出了很多，我非常需要理解和支持。"
关注他人	责备上级："你这样做太不公平、太没有人性了。你完全不知道这个事情过程有多艰难，也不考虑我的付出。"	同理上级："你是否感到压力很大？因为公司和团队今年的任务都很重，你希望我能更快速成长起来。"

我们每次参与对自己造成压力或者引发不愉悦的对话时，这些选择项都可以出现，我们需要觉察自己内心自动选择的回应类型。若我们选择以同理心的方式面对，关注自己的同时也关注他人，创造性的解决办法会自然浮现，相互间的关系也将变得深入。

回到 Una 的故事中，我们看到她面对被迫离职这件事情，选择了切换视角，以同理心来回应自己和上级，帮助自己走出了情绪的低谷。

做出这样选择的能力不是每个人都有的，需要刻意练习。在练习的时候，刚开始可以在心里面默默对自己说，到后面则把这些表述说出来。经过几次刻意练习后，对自己的同理和对他人的同理回应都会变得自然顺畅。

4. 自我主宰的世界

左手持着老天赋予的选择权，右手紧握用心造就的选择能力，一个"一切都是我选择"的自主世界就出现在我们的生命中。在这个"我选择"的世界里，我就是主宰，主动权掌握在我手里。就像 Una 那样采取积极行动，从被动离职这件事情中走出来并迈上更高的台阶。

在这个"我选择"的世界里，积极行动取代了抱怨。

"我选择了这份薪水不高，要求却很多的工作。因为我需要这份工作积累更多的经验，所以我参与一切我能参与的事情，等待时机成熟时我就可以去那家我梦寐以求的平台。"

"我选择了频繁跳槽，这使我的自尊心和及时行乐的需求得到了满足，虽然那样可能会影响我职业生涯的发展，但是我愿意承受这个代价，因为快乐对我来说更重要。"

"老板很苛刻，不近人情，但是我选择在他手下工作，因为我能从他那里学习到技术。"

"项目组的同事配合度不高，但是我选择继续与他们合作，因为比起没有人来说，他们至少可以提供一些支持，而且我可以借此锻炼自己的领导力。"

"我选择理解上司以裁员的名义辞退我,因为他不这么做就无法向公司交代,也无法给我提供一笔经济补偿。我需要这笔补偿,所以我重点考虑的是如何跟他争取更多的补偿。"

……

还有很多原本满是抱怨的情境,被转念后的"需求满足"和行动取代了。在职业发展的道路上,还有很多自己主导翻盘的情境,比如选择说"不"、选择面对冲突和寻求共赢、选择退出等。不仅职场中可以这样应用,生活中同样如此,因为"我选择"的力量可以超越我们的想象。

‹ 思考与练习 ›

1. 请将下面的这些负面表达转换成"积极选择的陈述+得到满足的需要"式的表达,可以参考"选择的能力"小节中的示例。
   (1)"我不得不再去一趟客户那里,否则客户的回款就要拖到明年。"
   (2)"我只能配合销售老大的无理要求,谁叫他在老板面前说话嗓门大呢?"
   (3)"这个月我必须去上班了,不然家里要断粮了。"
2. 回顾自己工作或生活中不满的是什么,自己想要抱怨的话语是什么。试着使用"发现选择练习"和"解读与回应练习"中的方法进行转念调节。

温和而坚定地说"不"也没有那么难

1. 选择爱自己

在职业主题的教练中,还会遇到一个主题——很难说"不",导致自己在筋疲力尽中被过度消耗。不仅是性格温和、容易体谅他人的乖乖女性,一些看起来很干练的事业型女性也会如此。主要表现在很难开口拒绝来自上级或者他人的各种请求,甚至是超出自己能力范围的请求。其背后的原因,有的是害怕冲突,有的是不愿示弱而想要维持"无所不能"的强大形象,还有的是带有讨好他人的心理。

行医几十年的加博尔·马泰博士写过一本书,叫《身体会替你说不:内心隐藏的压力如何损害健康》,如果我们读过这本书,就会感受到改变这种模式有多么迫切。马泰博士在临床经验中发现那些得了不同重症疾病的患者,具有相同的情绪和反应模式:压抑自己的想法和感受,难以拒绝他人,无法表达愤怒,内心真实的需求没有被看见。曾经在协和医院担任妇科医生的冯唐,在北京大学汇丰商学院举办的"北大创讲堂"做分享时,也曾提到类似的发现。他在协和医院工作期间,看到的妇科癌症患者大多是那些传统意义上的"好女人"——温柔、隐忍、压抑情绪感受。

第5章 自主关：始终拥有选择权

从自我关爱的角度来看，不论出于哪种原因，委屈自己的"不会拒绝"或者说"难以说不"都是不够爱自己的表现，在无意识中把自己的健康放在了一边。加拿大的压力研究专家汉斯·赛利博士在他的著作《生活中的压力》中写道："我们必须要表达出自己内心的想法，否则我们可能会在错误的地方爆发，或者陷入绝望的沮丧之中。"这个"错误的地方"极大可能便是我们身体的健康。就像马泰博士所指出的，身体的健康取决于身体、精神和心理的协调一致，如果选择压迫自己并隐忍，就把自己置身于身心灵的失衡中，以牺牲健康为代价。

假如有一些不会破坏关系，也不会带来糟糕的负面影响的"说不"方式，是不是就可以把我们从这个风险中解救出来？是的，我们始终都是有选择权并且有选择能力的，可以选择以"爱自己"的方式来表达自己真实的想法，表达自己的拒绝。带着合理原因的拒绝在职场上还会带来尊重和赢得边界感。

2. 温和而坚定地说"不"

温和而坚定地说"不"是在对孩子的正面管教中被重点强调的方式，用在职场中同样有效果。

曾经有一位同事让我印象很深刻。从她给我分享的故事中，我看到了一份由内而外的力量，还有她超高的"Say no"沟通技巧。这位同事的岗位是副总裁助理，工作内容比较繁杂但又非常重要，不仅要有细节还要有高度，所以她很多时候都处于非常忙碌的状态当中。这位副总裁也是出了名的挑剔"事儿

通关：职场女性如何少走弯路

爹"，导致前面两任助理均辞职离开。能胜任这样岗位的人，通常既要懂业务，又要细心，还要有很好的组织协调能力，这位同事具备这些要求中的大部分能力，所以在副总裁身边顺利度过了试用期。

有一次，副总裁临时提出请这位同事代替他去机场接一位大客户，这样他可以多留一点时间和产品总经理讨论一个推广方案。在当时，这位同事手上正在做区域市场的分析报告，该报告将用来作为与客户商谈的准备材料。通常来说，拒绝上级的工作安排是比较冒风险的，尤其是这样一位掌控型的上级。当时，这位同事听到副总裁提出这个要求后，先是立刻回复了"好的，王总"，然后在副总裁安排完任务正要离开时，她又说："王总，您稍等一下。我现在手头上正在做这个客户所在区域的市场分析，这样您和客户商谈会更有底气，我已经完成了一大半了，再要1小时就可以做完了。您看接这个客户可以请负责销售的总监去吗？这样客户来之前我能把报告先给您看一下。"副总裁想了想，同意了，并要求她加快速度完成报告。

这样的回应是教科书级的。这位同事有不卑不亢的性格做底气，有业务能力做支撑，还有她在老板那里累积的信任加分，更有巧妙表达拒绝的技巧。她使用的技巧容易学习，所以我们尝试做一个拆解。

- ✓ 首先快速响应，表达承接任务的意愿——让上级感受到积极的态度。
- ✓ 表明自己正在忙，有一项很重要又紧急而且上级关注的事情在处理——提供一个合理且引发重视的理由，让上级知道轻重缓急。

✓ 告知任务完成的进度和预计的完成时间——让上级有安全感。

✓ 提出建议，给出替代的解决办法——让上级可以快速评估并做决定。

所以，这位同事巧妙又顺利地拒绝了上级的工作安排，没有引发不良后果。我们也理解了为什么她能够在这位不好"伺候"的副总裁身边留任。

拒绝是我们每个人自带的权利，不要随手将这项重要的权利丢掉，何况向我们提出要求的人也很可能像三毛所说的那样："不要害怕拒绝他人，如果自己的理由正当。当一个人开口提出要求的时候，他的心里根本预备好了两种答案。所以，给他任何一个其中的答案，都是意料之中的。"

同时，我们需要掌握一些"说不"的技巧，在这里列出一些原则以供参考。

（1）拒绝前，先倾听和准确理解对方的真正意图。

（2）表达拒绝时，态度要温和、友好和真诚，这样能减轻对彼此关系的破坏。

有一个"三明治"技巧可供参考——在拒绝的时候，把否定夹在两层恭维或者肯定的话中间，这种方式通常能为拒绝提供一定程度的缓冲。例如，快下班了，你已经计划好下班后去见一位很久没见又很重要的朋友。这时，同事突然找你帮忙导

通关：职场女性如何少走弯路

一份数据，数据量比较大且系统比较缓慢，你预估需要的时间会比较长。

如果你觉得直接拒绝太生硬，可以利用"三明治"技巧来温和婉转地表达：先赞美对方的敬业精神和认真负责的态度，接着表达自己的歉意，因为自己有一个重要的约会。你可以提议第二天早上来第一件事情就是帮他处理数据，然后你表示相信以他的工作效率可以赶在截止时间前处理完。这就是把否定夹在两层恭维或是肯定的话中间，从而给拒绝提供一定缓冲，让双方都有回旋的余地。

（3）给出真实的、有说服力的理由，最好是有工作任务在身或者其他不容忽视的、事关重大的理由，例如生老病死相关方面的理由。

（4）同理对方的需求和难处，表达对他的体谅，这样我们也容易获得对方的体谅。

都说"自古套路得人心"，但是时间久了发现最容易解决问题的还是真诚，对自己真诚，也要对别人真诚。因为没有任何关系是永久不变的，我们也不可能让每个人都喜欢。当我们看见自己真实的合理需求时，做出温和而坚定地拒绝是对自己的尊重和爱护，反而能为自己树立起不被伤害的边界。我们用同情心理解对方提出请求背后的需求，提供力所能及但不超越自己边界的支持，真实地表达自己的感受、想法和建议，也会获得对方的理解。如果得不到理解，那也许是一份不再值得坚持的职场关系。

⟨ 思考与练习 ⟩

请回顾自己在日常工作情形中有哪些事情是不愿意做但是又很难拒绝的。如果这样的情形再次出现,你将如何温和而坚定地说"不"?

积极面对冲突，做双赢的推动者

1. 不可避免的冲突

很多人不愿意"说不"的原因之一是害怕冲突，尤其是高敏感人群，对爆发冲突有更加明显的紧张感。然而，职场上存在不可避免的冲突，而且良性的冲突对组织和团队的发展有助益。

我曾经花了2年多时间去学习和实践团队教练这项专业能力，发现不论是在企业内部做组织与人才发展工作，还是从企业平台出来作为"乙方"为企业提供教练培训和辅导服务，都无时无刻不在面临和处理大大小小的、显性或隐性的冲突。冲突即是矛盾，有的表现得剧烈和明显，有的在水面以下暗暗交战。在工作场景中，我们常常见到下面这些冲突。

- 因为各自的工作职责和立场不同，不同部门间同事互相指责、投诉。
- 上下游协作的同事之间，有可能因为工作边界不清晰或者对工作质量不满等指责和对抗。
- 上下级之间可能因为性格差异或者能力不足而争吵，或者出现不明显的消极抵抗。
- 同一个部门的同事，会因为争夺评优、调薪、奖金、机会、权力乃至老板的时间等稀缺和有限的资源而引发摩擦。

- 同事与客户之间可能会因为性格偏好不一致、沟通表达不当等引发误会而产生冒犯等。

冲突的本质原因是存在差异,而差异几乎不可避免。因为每个人的性格、过往经验、价值观甚至关于文化方面的认知不同,具体到工作场景中,会产生意见分歧,还会因为立场不同带来不同的利益诉求等。

从企业组织发展的需要来看,良性的冲突能够带来帮助。

就像美国麻省理工学院（MIT）斯隆管理学院资深教授、组织管理学大师彼得·圣吉（Peter Senge）所说的那样：在伟大的团队中，冲突也是卓有成效的。**言论自由、思想碰撞对于创造性思维至关重要，因为没有人能够独立发现新的解决方案**。所以，我们会发现，运作良好的企业、领导力成熟的企业，会鼓励在团队内产生良性的冲突。这些良性的冲突包括关注任务和结果的争议、探索问题时的礼貌争辩、对方案和任务发表不同意见或者评价等。

所以，不论害怕与否，你在职业道路上必然会与各种冲突正面相遇。以何种姿态面对冲突，是在这条道路上奋进的你可以做出的选择。

2. 拥有 5 个选择

在冲突管理领域，有一个应用很广泛的托马斯—基尔曼冲突模型，常被简称为 TKI 模型（Thomas–Kilman Conflict Model）。这是美国的两位学者拉夫·基尔曼（Ralph H. Kilmann）和肯尼斯·托马斯（Kenneth W. Thomas）开发的一个工具，用来评估一个人或者团队在面对冲突时，会以哪种态度来应对。

这个工具最大的意义在于帮助人们创造觉察和做选择。在觉知了自己的模式后，人们就能够在每次面对冲突时，在做出无意识的反应前先停顿，然后选择更好的应对方式。TKI 模型有"强硬"（满足自己需求的程度）和"合作"（满足对方需求的程度）两个维度，将冲突的应对模式分成了 5 种类型：**回避型、竞争型、迁就型、合作型和妥协型**。这 5 种类型分别代表了在面对冲突时对满足自己需求和满足对方需求的取舍，也反映了自己的模式。没有绝对的好坏，更注重于在什么情形下使用。

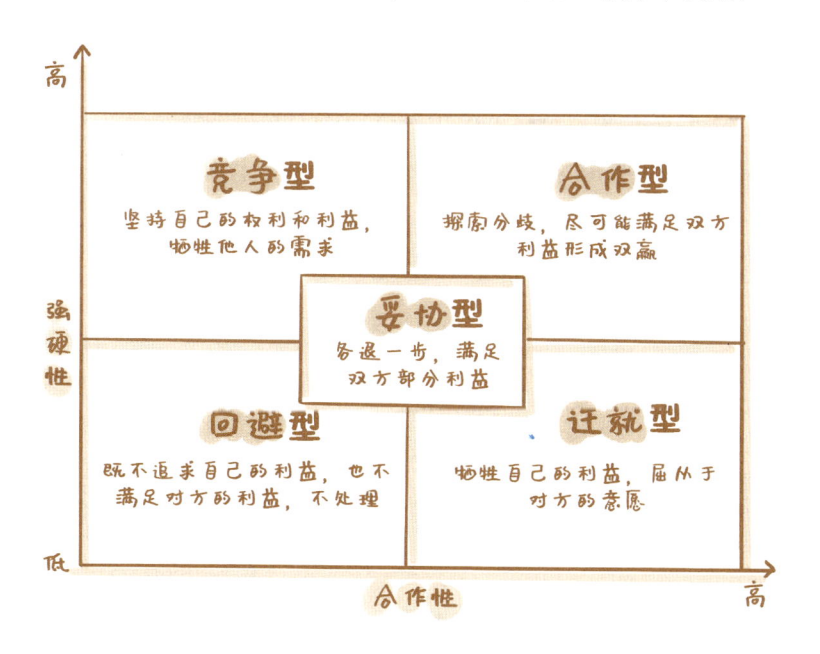

```
            高 ↑
              |
              |   竞争型              合作型
              |   坚持自己的权利和利益，  拥抱分歧，尽可能满足双方
              |   牺牲他人的需求        利益形成双赢
         强    |         ┌─妥协型─┐
         硬    |         │各退一步，满足│
         性    |         │双方部分利益 │
              |         └────────┘
              |   回避型              迁就型
              |   既不追求自己的利益，也不  牺牲自己的利益，屈从于
              |   满足对方的利益，不处理    对方的意愿
            低 |_____→
                        合作性              高
```

托马斯 基尔曼冲突模型有一套快捷测试题，你如果想快速了解自己的冲突应对模式，可以在本章最后的附录中完成自评。

回避 = 回避冲突

竞争 = 牺牲别人的利益来满足自己的需求

迁就 = 牺牲自己的利益来满足别人的需求

合作 = 试图找到一个双赢的解决方案，完全满足两个人的

需求

妥协 = 找到一个折中的解决方案，但只能部分地满足双方的需求

详细展开说明如下。

回避型

具有回避型风格的人既不追求自己的观点或者利益，也不追求对方的观点或利益，既不强硬也不合作。他们宁愿避免冲突，而不是处理冲突，会绕过或推迟问题，又或者干脆退出。冲突回避型的人期望问题自己过去，或者由其他人来处理。然而，逃避冲突和不处理冲突往往会导致冲突爆发，并引发负面情绪和敌意。

建议适用情形：仅在需要拖延时间考虑对策，或者满足自己需求的机会很小，又或者在对抗会伤害彼此关系的情况下，可以选择使用。

竞争型

竞争型的人通常表现为个人使用权力来赢得地位，坚持权利，并捍卫自己认为正确的立场。竞争型的模式是强硬和不合作的，在追求自己的利益时，会牺牲他人的利益或忽略他人的需求，呈现咄咄逼人、专制和对抗的状态。在遇到冲突时，竞争型风格的人会努力争取权利，并以对方的利益和需求为筹码迫使对方改变。

建议适用情形：适合于执行快速的、不受欢迎的决定，或

者让别人知道某个问题对自己有多重要，或者是在每个人的观点都不容易改变时。这种风格的主要缺点是可能会破坏关系，甚至严重到无法修复的程度。

迁就型

迁就型是竞争型的对立面，是不强势但高合作的方式。使用这种冲突管理风格的人忽视甚至牺牲自己的利益或需求来满足对方。所以这一类型的人会表现为服从他人的命令，哪怕自己并不同意，为了取悦他人和维持和谐，他们会放弃自己的个人需要。在迁就型模式下，我们看到他们非常重视维护彼此的关系。这个风格一般不能永久地解决问题，因为这样可能会诱发对方的愤怒或快乐的感觉，长久之后，他们的行为会转向另一个极端——竞争型。长期使用这个风格，会使得应对冲突的创造力下降，双方权力的不平衡也会越来越明显。

建议适用情形：仅适用于希望在短时间内平息争端或者快速抚平对方情绪，或者是保持关系最为重要的时刻。

合作型

合作型是强硬但可以合作的模式。产生冲突的双方需要深入研究问题，探索分歧所在，并且相互了解对方的意见、期望，最后达成一个双方都可以受益的解决方案。这是一个理想的解决方案，但是通常耗时较长，需要双方都很理智，有差不多的权力权限，并有合作的意愿。

建议适用情形：解决同辈之间产生的冲突，同时维护关系很重要且时间很宽裕的情况。

妥协型

妥协型处于中间地带，展现适度的强硬和适度的合作。妥协的目的是找到能部分满足双方诉求的办法。妥协型模式处理问题比回避型更直接一些，但又不如合作型探索得深入。使用妥协型模式的人，一般不想过于对抗，但同时也想表明自己的立场。

建议适用情形：当面对问题没有清晰和简单的解决办法时，或者冲突双方有接近的权力同时各执己见，又没有足够的时间来深入探讨合作时。

当我们看到自己在面对冲突时惯用的模式，我们就能够意识到为什么自己会陷入冲突引发的困境。如果惯用的冲突模式是迁就型的，那么自己很可能在职场中呈现弱势的状态，而且自己的情绪也长期处于委屈中。长期牺牲自己的利益去满足他人所引发的委屈，对自己的身心健康不利，而弱势的姿态对自己在职场上的发展不利。如果惯用的冲突模式是竞争型的，那么很可能在职场中以强势姿态现身，但因为以自己为中心的行为表现而缺少支持者，人际关系紧张。

我们学习这五种冲突应对模式，真正的意义是我们能够在产生觉察的同时根据情境的需要做选择。对于个人的发展而言，长期采取极端强势或者极端合作的方式都不可取，更优解在于推动共赢。

3. 双赢的推动者

每一次人际冲突相当于一次谈判的机会。在谈判课中，如何推动双赢是关键的学习点。就像7个习惯的提出者史蒂芬·柯维所说的那样，双赢不是展现性格魅力的技巧，而是人类交往的一种模式，建立这种模式也需要学习和锻炼，从没有这方面的意识到有意识再到有能力。

双赢的意识与能力和个人的成熟度以及经历有关，是理性思考后的选择。这一点我们可以从小朋友身上找到证据。小朋友在面对不利或者冲突时，通常表现出本能的情绪反应。例如，小朋友之间争抢玩具时，身体强壮或者力气大的孩子通常会抢到玩具，身体弱小或者胆小的孩子通常会因为抢不到而伤心，同样身体强壮的或胆大的孩子则会加入抢夺中，进而相互扭打，还有极个别的孩子会做出破坏性行为——踩坏玩具或者扔到谁都捡不到的地方，最后孩子们在混乱中各自找老师或者家长。这时老师或者家长会承担起协调者的角色，一面安抚一面引导教育，定好轮流玩和怎么获得奖励的规则。经过这样多次引导和教育后，孩子们逐步学会怎么一起玩耍，部分孩子还会表现出领导风范，率先提议大家一起玩耍。孩子从每天的具体事情中学习和成长，学会理性对待问题，在漫长的成长路上，心智逐步成熟。

很多人在成长过程中并没有机会见到好的示范或者受到正确的引导，以至于成年后依然没有建立成熟的内在心智以应

通关：职场女性如何少走弯路

对这些冲突情境——要么完全退缩，要么完全进攻，要么做出"鱼死网破"的破坏性的双输行为，最后在后悔中补救。所幸，人类有自我意识和良知的天赋，研究表明女性有更强的自省意识和能力，可以学习和改变，在面对冲突情境时会理性思考，做出双赢的选择。

双赢需要建立在理解双方的需求和不以自我为中心的意识基础之上。有的人意识和心智成熟得早，有的人成熟得晚，但是一旦觉醒后就不会退转。有一次，一位女性副总裁在一个平时很活跃的成长群中发了一段文字，与心智成熟和推动双赢相关，引发了全员共鸣和热烈探讨。

这位副总裁回顾了自己步入职场初期是如何强硬和以"非黑即白""非此即彼"的方式处理问题的。她说自己会为了想要的结果而逼迫上级迁就，因为自己的确在营销和推广上有不可替代的作用，所以每次涉及评优、与其他部门和同事之间产生矛盾等问题，她都获得了全面的胜利。但是随着职位的晋升，遇到更多的人和事之后，她开始反思自己的行为。她说当自己换位思考从上级的角度来看时，完全无法容忍像自己这样的下属，可能很早就已经出手干掉了，而自己的上司却展现了极大的包容和体谅，还提拔了自己。她在感谢上级的同时，决定改掉自己竞争型的模式，以后要为了长远的发展以双赢的思维来考虑问题。我们都为她在心智上的改变而开心，感到她已经进入了《领导者意识进化》中所描述的第三个阶段——自主导向，也就是说，她会向内看自己，在保持自己观点的同时，还能多角度考虑问题，去了解别人的想法。

那么如何成为双赢的推动者？除了心智的成熟之外，在每次遇到冲突时还要按照以下三个步骤行事。

第一，站在对方的角度感受一下。对方在想什么？她或者他的感受是什么？在担心什么？期待和需要是什么？

第二，抛开各自所站的位置和职责所带来的立场，厘清双方真正的需求是什么。这些需求表现的语言可能是"你要怎样怎样""我要怎样怎样"，这实际上是"要"而不是真正的需求。真正的需求隐藏在这些"要"背后，通常会是利益层面的收益、降低成本等，还有身份和安全感方面的需求，如被尊重、被看见、被认可、安全无风险等。

第三，思考和提出满足双方需求的解决办法。这样就能让双方从情绪和僵持中跳出来，从指责、埋怨走向一起解决问题，创造共赢的可能性。

在现实的情景中，即便这些事情全部做了，也未必能够一次性达到理想的效果。我们主动承担起推动双赢的责任时，要想成功，需要对方也能够理性地面对问题。如果我们先做这个推动者，在面对不成功时，还能继续坚持推动直到成功，又或者及时判断不可能后寻求其他方式，那么我们已经是合格的双赢推动人了。

通关：职场女性如何少走弯路

〈 思考与练习 〉

1. 通过托马斯—基尔曼冲突模式自测，你可以发现自己在面对冲突时主要采取的应对模式是什么，为什么会这样？
2. 经过本小节的学习后，你认为是否有必要对自己的冲突应对模式做一些调整？打算如何调整？

挑起大梁或转身离开都是积极的选择

1. 塞翁失马

Marta 满心期待地加入了一家智能科技领域的明星公司，想要在这个平台上好好施展才能，在专业领域中更上一层楼，彻底翻篇自己在上一家公司的隐忍和煎熬。她在上一家公司工作期间，承受的压力和胶着状态持续了一年左右，一个难度极大且没有任何支持的项目落在了她头上，使得她和直接上级的关系紧张，再加上离婚，双重压力导致她身心俱疲。所幸，Marta 懂得求助，在教练的陪伴下熬了过来，最终项目有一些进展，她自己在心智上也有所成长。

然而，就在她在这家明星公司工作快满 3 个月，试用期即将结束的时候，她收到了通知，因为疫情等多种因素公司要降本，她不能转正了。如果说她在上一家公司是为了生计而被迫留下的话，那么她在这家公司便是被迫离开。现实就是这样，常常事与愿违。

事业的发展能否如愿，除了自己积极努力和争取外，还有不可控的其他因素，比如运气。经过唯物主义洗礼和受过高等教育的人，通常对运气这个概念持怀疑态度，直到被一系列事件吊打后重新思考运气是否真的存在。有了这个理由，接纳那些不如意也会容易一些。

2. 焉知非福

从 Marta 离开那家明星公司到我们交流的时候，已经过去快 2 年。时间就这样不知不觉地流逝，近 2 年时间中发生了很多变化。但是，Marta 说她现在的状态至少可以打 8 分（满分是 10 分），剩下的 2 分需要继续探索和观察。这 2 年，Marta 仿佛经历了重生。

被迫离职，加上生活上母亲事无巨细强行介入的压力，Marta 有种被逼到悬崖的感觉，但是她不想放弃，她决定改变。为了业务，她放下不好意思，不害怕被拒绝，开始主动推销自己。在这一过程中她踩了一些坑，也被人批评过，但是留下了宝贵的经验。为了增加收入，她从合肥跑到深圳参加课程认证学习，结合过去的工作经验，掌握了两个专业领域的技能。她尝试了不同的合作渠道，最终选定了一个过去有交集且愿景、价值观和行事风格与自己都很匹配的团队加入。更值得庆贺的是，她收到了中国科技大学的 MBA 录取通知。

她还意识到，生活上也要改变，要给自己和女儿更大的空间，必须认真处理和母亲的关系，把边界划清楚。所以她艰难地下定决心请母亲离开自己的家，回去和父亲一起生活。尽管这个计划阻力非常大，但是在她的坚持下成功了，这道情感枷锁被卸下来了。现在她自己的小家和父母住的地方相隔不远，能够相互照应的同时，还为自己和女儿留出了足够的自主空间。

这一切改变带来的影响，用 Marta 自己的话说就是："我所有的这些经历，让我长成了我自己。"

人想要登上高处，必须先从一个小高坡上冲下来形成冲力，为谷底反弹准备足够的动能。就像跳远，想要跳得远，必须先蹲下，双手摆起来。从 Marta 的故事里，我们看到的不正是"塞翁失马，焉知非福"吗？前面所有的不如意都只是重启人生的序章。Marta 的新生，是不轻言放弃后的绝地逢生，是她积极主动选择后行动的结果，是女性极富弹性的生命力的完美诠释。

回到职业发展这个视角来看，摆在我们面前的机会未必理想，我们想要的又未必能如愿得到，正是"叹人生，不如意事，十常八九"。但是，不论你选择承接不理想的机会，挑起大梁，还是不得已转身离开，其实都是积极的选择。因为决定结果的，不是你做选择的这个动作，而是你选择之后的应对态度和行动。

〈 思考与练习 〉

回顾你的职业生涯，你经历过什么不如愿的重要选择吗？这些选择带给你的积极意义是什么？如果重新来一次，你会如何做？

通关：职场女性如何少走弯路

附录：托马斯—基尔曼冲突自评量表

面对冲突时你如何处理？

请想象一下你的意见和其他人的观点产生分歧时的情景，通常情况下你的反应是怎样的？

从下列每道题中选出最恰当描述你行为特点的陈述，当两个选项都不能完全体现你的行为特点时，请选择你可能的反应。

1	A	有时我会把解决问题的责任交给他人
	C	在协商分歧时，我强调共同点而不是针对不同点
2	D	我认为与其两败俱伤，还不如快速寻找一个大家都能基本接受的折中方案
	E	我力图考虑到我和对方所关心的所有方面
3	B	我总是坚定地追求自己要的目标
	C	我也许会为了维护关系而尽量安抚对方的情绪
4	D	我试图找到一个折中的方案
	C	有时我会牺牲自己的意志来满足别人的愿望
5	E	为了解决问题，我会寻求他人的协助
	A	我尽量避免产生无端的紧张气氛
6	A	我尽量避免给自己造成不愉快
	B	我努力使别人接受我的立场和意见

第5章 自主关：始终拥有选择权

续表

7	A	我试图推迟对问题的处理，使我自己有时间进行仔细考虑
	D	我会放弃自己的一些观点或目标作为交换以实现其他目标
8	B	我通常坚定地追求我的目标
	E	我尽量把忧虑和问题的各方面摆在桌面上
9	A	我觉得差异并不总是值得担忧的
	B	我努力按照自己的方式做事
10	B	我总是坚定地追求我的目标
	D	为了能够快速解决冲突，我会提出折中的建议，至少双方都不会损失太多
11	E	我尽量把忧虑和问题的各方面摆在桌面上
	C	我也许会为了维护关系而尽量安抚对方的情绪
12	A	有时我不会坚持自己的立场以避免不必要的争论
	D	如果别人接受我的部分观点，那么我也会接受他们的部分观点
13	D	我采取折中的方案
	B	我竭力坚持自己的观点
14	E	我告诉别人我的观点并询问别人的观点
	B	我努力让别人看到我的观点和立场的逻辑和好处
15	C	我也许会为了维护关系而尽量安抚对方的情绪
	A	我尽量避免产生无端的紧张气氛
16	C	我尽量不伤害他人的感情
	B	我努力阐述我观点的好处以说服别人

续表

17	B	我总是坚定地追求自己的目标
	A	我尽量避免产生无端的紧张气氛
18	C	如果能使对方感到愉快,我也许会让他坚持他的看法
	D	如果别人接受我的部分观点,那么我也会接受他们的部分观点
19	E	我尽量把忧虑和问题的各方面摆在桌面上
	A	我试图推迟对问题的处理,使我自己有时间进行仔细考虑
20	E	我试图立刻协调我们之间的分歧
	D	我努力寻求双方的得失平衡
21	C	在进行协商时,我尽量考虑对方的意愿
	E	我总是倾向于直接讨论问题
22	D	我试图在自己的观点和别人的观点之间寻求折中
	B	我坚持自己的意愿
23	E	我总是希望能够满足所有人的意愿
	A	有时我会把解决问题的责任交给他人
24	C	如果别人的想法对他来说很重要,那么我会尽量满足他
	D	我尽量让别人接受大家都让一步
25	B	我努力让别人看到我的观点和立场的逻辑和好处
	C	在进行协商时,我尽量考虑对方的意愿
26	D	我尽量选择折中方案,至少我的一部分要求被满足,对方也可以
	E	我总是希望能够满足所有人的意愿
27	A	有时我不会坚持自己的立场以避免不必要的争论
	C	如果能使对方感到愉快,我也许会让他坚持他的看法

第5章 自主关：始终拥有选择权

续表

28	B	我总是坚定地追求自己要的目标
	E	为了解决问题，我通常向别人寻求协助
29	D	我尝试找出一个对双方收益和损失都公平的解决方案
	A	我觉得差异和分歧不总是值得担忧
30	C	我尽量不伤害别人的感情
	E	我总是和别人共同探讨，共同解决问题

请将各字母的数量填写在下面的括号中（总数应该等于30）。

A（　　）+B（　　）+C（　　）+D（　　）+E（　　）=30

A——回避型　B——竞争型　C——迁就型　D——妥协型　E——合作型

第 6 章

磨砺关：积极面对不公与窘境

沉沉的黑夜，只是白天的前奏

沉沉的黑夜都是白天的前奏。

——郭小川

不做职场 PUA 的受害者

我曾经服务过一家在很多方面都不错的公司，规模不大，但是它的愿景很有吸引力。公司整体的氛围很开放，提倡多元化，工作时间也相对弹性，但是有一件事情令人惊诧——内部的匿名留言平台上经常会出现"有毒的文化"和"煤气灯"这样的字眼。深入了解后我才知道，原来是有个别管理者因为要求高、表达方式不当等，在日常工作中让团队成员感到被恶意贬低和语言霸凌。这到底是近几年高频出现的职场"PUA"，还是仅仅是上级对下属的高要求？如果不了解细节，其实很难下定论。不过，职场新人苗苗的经历可以给我们一个清晰的答案。

1. 后知后觉

苗苗毕业于一所普通大学。在大四下学期，苗苗和同学一起来深圳找工作。很幸运，她以实习生的身份加入了一家快速发展的智能机器人公司，担任业务助理，实习期得到的薪资也比较可观。然而，公司受新冠疫情和经济环境的影响，需要减少应届毕业生的指标。就在苗苗正式毕业的时候，她收到通知说公司指标减少，而她的表现缺少亮点，公司不能给她转正。这对于一个刚刚步入社会参加工作的年轻女孩来说，打击非同小可，苗苗因此蒙上了一层心理阴影。

通关：职场女性如何少走弯路

后来苗苗换了几家公司，在每家公司工作的时间都不超过3个月。有的是因为她觉得公司与自己预期差太远而主动离职，有的则是因为她未能通过试用期。其实理性来看，苗苗的心态和对自己的认知可能与现实之间存在鸿沟，但也不完全是她自己的责任。接二连三不如意的经历，严重打击了苗苗的自信心，所以她在找工作时把要求放得越来越低。后来，她抱着"至少能够用上自己所学的专业知识"的心理，加入了一家规模很小的咨询培训公司，然而这段经历却让她体验了至暗时刻，险些被彻底摧毁。

这家咨询培训公司的老板性格偏强势，喜形于色，情绪表达很直接，有时甚至刻薄。公司的主要业务就是招生、开班和授课。因为这位老板的专业能力不错，是公司的金牌讲师，课程招生情况良好，足够养活一个10人左右的小团队。这种业务模式有点像明星的工作室，明星是唯一的主角，除了经纪人之外，其他都是小助理。苗苗就是老板的助理，既要负责一部分课程的运营工作，也要帮老板整理课件，还要帮老板处理私人事务。比如老板出差后，苗苗要去老板家里帮忙打扫卫生和整理房间。对于苗苗来说，这些工作的具体内容不难，但是老板的沟通方式让她很难适应。一点小事没做好，她就会被严厉指责，批评的话会上升到人格层面，感觉像巴掌狠狠地打在脸上一样让人难堪。有时老板又会很亲切地主动关心她，表扬她的进步。

有一次，苗苗帮老板叫了一份午餐外卖。老板提要求的时间已经快 12 点了,恰逢点餐最高峰,当外卖送达时已经 13 点了。老板非常生气,对苗苗说:"你说你,有脑子吗?给我点个餐还花 1 个小时。"老板的批评很伤自尊。当然,苗苗作为助理还可以做得更好,比如知道这个时间点才叫外卖时间会很久,可以建议出去吃或者自己去买了打包回来。还有一次在会议上,老板当着所有人的面,说苗苗工作时间短却跳了几次槽,比跳蚤还能跳,大家要引以为戒,等等。这样的难堪,让当时的苗苗有种无地自容的羞愧感,简直要窒息。原本她也可以非常生气,然后潇洒地说一声"老娘我不伺候了",解气地离开。然而,此刻苗苗的职业自信已经所剩无几,来自父母的那点打气和支持也不再是底气,所以她选择了默默承受。类似这样的情形几乎每周都会发生。当打击事件过去后,老板又会私下特别关心她,给她一些安慰,比如给她一句小表扬,夸奖她更有耐心、更成熟细心等,还不忘强调"我们这个团队最适合你"。

此外,老板在日常的沟通中还很喜欢使用没头没尾的短句和反问句:

"你懂?"

"难道我说得不够清楚?"

"你知道你不是小孩子吧?"

"这还要我教?"

……

苗苗在这样的环境下坚持了几个月,总有种说不上来的感觉。

明明不喜欢这个环境却不能离开,担心自己再也找不到更好的工作;

明明感觉到老板对自己人格上的羞辱,有些愤怒,却还有些感激老板继续让自己留下来;

生活中,她对以前喜欢的游戏没有了兴趣;

休息时只想把自己关在房间里睡觉;

到了晚上会莫名其妙地想哭;

体重也不知不觉地下降了。

这时的苗苗,完全看不出 24 岁这个花样年龄该有的青春朝气,更没有一丝对未来的憧憬。在朋友的鼓励下,苗苗去看了心理医生。医生给出了重度抑郁症的诊断,她需要治疗和休息。所幸在这个艰难的时候,有朋友陪伴,给了她最及时的支持。苗苗本来想请 1 个月病假,但是老板不同意,苗苗决定干脆辞职,一面积极治疗,一面学习职场技能,还做了职业生涯规划的咨询辅导。经过半年时间的修整,苗苗感觉自己活过来了,调整好心态后选择了自己喜欢的用户研究工作,从一个小平台的基础工作开始干起。

当她和我们分享这些故事时,她意识到当时自己其实是被老板"PUA"了,有些后知后觉,却犹未晚矣。

2. 揭底职场"PUA"

PUA 是英文"Pick-up Artist"(搭讪艺术家)的缩写,这门技术和培训课程产生的初衷,是希望帮助一些内敛的男性

第6章 磨砺关:积极面对不公与窘境

系统化学习与实践一些技巧,提升其在两性交流中的能力。然而,这门技术到今天已经发展成了对人进行情感操控的手段,不仅有两性关系的 PUA,还有职场 PUA。

如果再往前溯源,可以追溯到 1944 年由美国导演乔治·库克(George Cukor)执导的电影《煤气灯下》(Gaslight)。在该电影中,钢琴师安东娶了美丽可爱大方的富家女宝拉为妻。为了能占据宝拉将要继承的大额财产,安东把自己伪装成体贴的丈夫,关心呵护宝拉,同时却在家里设计各种小动作,联合家中的女佣使宝拉产生许多错觉。在安东的操纵下,宝拉逐渐变得神经兮兮,怀疑现实、质疑自己,最后在精神上完全依附于安东。

2007 年,心理学家罗宾·斯特恩(Robin Stern)出版了一本名为《煤气灯效应:远离情感暴力和操纵狂》的书,提出"煤气灯效应"(Gaslighting)这个词,将其定义为"煤气灯操纵"。罗宾·斯特恩的描述是这样的:

煤气灯操纵是一种情感控制,操纵者试图让你相信你记错、误会或曲解了自己的行为和动机,从而在你的意识里播下怀疑的种子,让你变得脆弱且困惑。煤气灯操纵者可以是男性或女性、伴侣或恋人、老板或同事、父母或兄弟姐妹,他们的共同点就是让你怀疑自己对现实的认知。

职场的"煤气灯操纵"或者说职场 PUA,是指在工作中用不公平的手段和有预谋的诡计,对员工进行心理操控以达到自己目的的一些行为。职场 PUA 通常会以人格贬损、利用、压

通关：职场女性如何少走弯路

榨、无故调岗、安排不合理的工作等形式体现，而且多发生在领导和下属之间，其职位自带的权力给操控披上了一层"职责要求"的外衣。

我们可以发现这种"煤气灯操纵"或者说PUA非常普遍，却未引发关注，直到近几年才被广泛讨论。2022年11月，"Gaslighting"（煤气灯效应）被《韦氏词典》（Merriam-Webster）纳入2022年度词汇，因为在这一年里，这个词在韦氏词典网站上的搜索量比上一年增加了1740%，每天都被大量查询。在2021年，组织行为学家达纳尼（Dhanani）等学者总结了来自62个国家的500多篇研究论文，发现几乎每3个人中就有1个人经历过职场操控。因此，我在前文提到的"煤气灯"这个词频繁出现在内部的匿名信息收集平台上也不足为奇。2020年，智联招聘发布了《2020年白领生活状况调研报告》。报告显示，在中国，有超过60%的受访白领遭遇过职场PUA，其中商务服务行业和金融行业是职场PUA重灾区。遭遇职场PUA的白领们，最普遍的应对方法是辞职逃离或者向同事吐槽，又或者默默承受，很少有人勇敢地站出来推动改变。

更让职场人士感到无奈的是，管理学和心理学领域的研究成果显示，有很大比例的老板或管理者属于"职场垃圾人"，具有"暗黑人格"，在他们身上更容易出现PUA下属、同事甚至是领导的情形。

加拿大的两位心理学家德罗伊·波尔胡斯（Delroy Paulhus）和凯文·威廉姆斯（Kevin Williams）提出了三

第6章 磨砺关：积极面对不公与窘境

种类型的暗黑人格：自恋型人格、权术主义人格和精神变态人格。

组织行为学和心理学中有关职场操控的研究表明，具备这三大暗黑人格的人，在职场中有更高的概率去PUA他们的下属、同事或领导。

- 第一类是具有自恋型人格的人。这一类人需要被持续关注和仰慕，他们觉得自己是宇宙的中心，更喜欢用"软招式"，例如通过个人魅力、开玩笑、利益交换等方式来操控别人，从而使自己获得愉悦感。具有自恋型人格的人在首席执行官（CEO）这个群体中的占比高达18%。欧洲工商学院领导力发展和组织变革的杰出教授曼弗雷德·凯茨·德·弗里斯也在《有毒的管理者》中提到，他在做高管教练时最常遇到的客户便是自恋型的管理者，可见这个人群之大。

- 第二类是具有权术主义人格的人。具有权术主义人格的人，为了达到自己的目的会不择手段，无视规则和道德。他们看重结果，并且在取得成功之后，不会因为违背道德而有负罪感。这类人喜欢使用比较强硬的方式来操控人，比如威胁、打击自信、挖苦等。

- 第三类是具有精神变态人格的人。刚接触他们的时候，他们常常让人感到很有个人魅力，但是一旦深交就会发现他们其实非常冷漠无情，缺乏共情能力，没有羞耻或内疚等情绪，而且常表现得很冲动。他们也喜欢使用强硬的方式来控制别人。具有这类人格的企业高管占比高达21%，相当于每5位高管或

通关：职场女性如何少走弯路

者老板中就有一位是精神变态型人格。

当看到这些研究数据之后，我们能够想象职场 PUA 发生的概率有多高。有过 PUA 经历的职场女性在和我交流这个话题时，都表示自己在工作中感受到了强烈的挖苦、羞辱和毫无指导意义的指责，给自己造成了很大的精神压力。其中有的人因为承受和忍耐负面情绪而出现内分泌失调和失眠的状况。

前文讲述的苗苗的经历，是非常典型的职场 PUA。她被老板刻意贬损，在被挖苦之后，又受到"只有我能容忍你"之类的安抚；在工作出现失误的时候没有得到指导和帮助，只有人身攻击式的指责。当时苗苗并没有意识到自己遭遇了职场 PUA，尽管难受，她还是选择了隐忍和默默承受，直到患上抑郁症。一个人要鼓起勇气去经历挑战也许不是最难的，但抹平这些有毒的挑战所留下的创伤，却会成为人生中很长一段时间的疗愈功课。我想，前面提到的公司平台出现的那些"有毒的文化"和"煤气灯"之类的评价，也许真的事出有因。

职场 PUA 和高要求之间的界限有些模糊，很容易混淆。一些真正遭遇 PUA 的人，误以为这是上级的高要求，选择默默忍受，还有一些人把上级对自己的高要求控诉为 PUA，而这些高要求又恰恰是自己成长和提升所需要的"催化剂"。区分两者的关键点在于判断这些动作背后的目的**是要让工作成果和质量更好，还是要"驯服"人从而好掌控。**

如果上级的目的是让工作成果和质量更好，通常批评和指责是偶发的、零散的。当我们向上级请求帮助时，基本能够得到指导或支持。管理者并非天生的领导,需要学习带领和辅导团队的技巧。在学会之前,他们可能会以原始的、粗暴的方式与下属沟通,在压力下很可能口不择言或者表现得阴阳怪气。这些不理性的表达方式会给下属带来情感甚至心理上的伤害,也是造成人员离职率高的原因之一。所以在企业的领导力发展项目中,学习如何有效地沟通、辅导下属等技能是管理者的必修课。这种来自上级的暴力式沟通是否应该归结为职场 PUA,还有待商榷。因为一旦将其归结为职场 PUA,人们更倾向于把本应自己承担的责任"甩锅"给他人,错过自我觉察和成长变强的机会。在如今充斥着压力的时代,我们需要学会将这些情绪隔离,做到就事论事,把注意力放在对我们真正有益的方面,例如能从中学习到什么。底线是不要越过自己心理承受能力这条红线,毕竟身心健康才是长远的立足之本。

如果上级的目的是"驯服"和操控人,通常会有下面这些表现。

● 嘲讽、攻击你的弱点,贬低你,让你感到自己一无是处,让你失去信心;

● 摆出权威的姿态,声称自己有多了解你,试图让你感到自己所相信的一切都是错的;

● 以"一切都是为你好"和"只有我还愿意这样帮你"对你施加精神压力,让你感恩戴德;

● 扭曲事实,一旦出现问题便推卸责任,并通过撒谎、掩饰等方式将错误归咎于他人。

这些"驯服"行为的背后，可能隐藏着其他目的，例如，以这种方式逼迫下属自动离开等。心理学上认为，PUA 也是自己内心失控的防御方式。当领导者使用 PUA 时，他的心理可能正处于一种混乱的虚弱状态，为了抵抗这种虚弱，他需要将负面情绪投射出去，让下属来承接，以增强他们作为"权威者"的力量。比如新上任的领导，由于缺少实际的业绩和能力证明，在感到底气不足时，就可能会采取这种"驯服"的方式来让自己有安全感。如果不幸你刚好遇到这种善于 PUA 的上级，毫无疑问你应该立刻阻断，选择合适的方式反抗或者离开，为自己设置好"保护屏障"。

3. 保护屏障

心理学界对于什么样的人容易被 PUA 也有一些研究，MISS 蔷薇在《辛苦你啦，内在小孩》中做了以下描述。

第一，**核心自我不稳定，易受外界评价影响**。这类人通常戴着"面具"，对真实的自己了解甚少，无法建立清晰的自我认知，缺少自我评价体系，完全通过别人眼中的"好坏"来判断自己的"优劣"。

第二，**对自己要求严苛，擅长自我攻击**。人通常不会被他人的言语攻击伤害，除非内心早已有创伤。

第三，**心里住着 PUA 的原型**。如果从小成长在充满打压、质疑和否定的环境中，孩子将内化这样的互动模式，不断去还原类似的关系，所以他们长大后被 PUA 的概率会很高。

第6章 磨砺关：积极面对不公与窘境

这三种特征恰恰和我们在第 4 章讲到的不自信有关，这是内在自我需要成长的部分。我们的内在力量足够强大时，很容易分辨自己是否陷入了 PUA，也能更轻松地应对来自上级或同事的 PUA 攻击。除了修炼内在力量外，还有几条可操作的建议，可以帮助我们建立免受伤害的保护屏障。

第一，在内心建立屏蔽墙。

当你已经意识到来自同事或领导的语言或行为是 PUA 时，这些语言或行为产生的影响本身就会削弱。同时，在自己内心进行这样的自我对话："他在 PUA 我，我根本不是他所说的那样，我不会受他影响。"

第二，设置好自己的底线。

当同事或领导提出超出自己底线的要求时，表示拒绝。关于如何说"不"，可以在第 5 章中找到详细的说明。

- 当发现领导或同事以驯服和操控为目的来与你沟通时，记得保留和收集证据，包括邮件、微信消息和录音等。这些资料在关键时候可以保护你。

- 当你决定和 PUA 你的人正面对峙时，要有第三方在场。这是为自己保留证人，同时也是给对方威慑。

- 集结所有的受害者。

善于 PUA 的人往往有对人 PUA 的习惯，受害者会不止你一个，借助群体的力量更能增强你反抗 PUA 的力度，提高成功率。

- 做好准备随时离开。

储备自己换一家公司所需的"弹药",做好随时离开的准备。当屏蔽或者反抗失效时,你可以轻松地按下"起跳"键。

这些具体的措施适用的情形不同,每个人应当根据自己的实际情况选择使用。比如,身居高位的 Nora,也会面对来自领导或者同事的 PUA,而她采取的方式便是在内心建立屏蔽墙。当听到 PUA 的话语时,她会清楚地对自己说"这是 PUA,我不是真的像他所说的那样做得不好,我不用理会",这个方式对她而言就足够有力量。

〈 思考与练习 〉

在你的职业经历中,有遇到过像或者是 PUA 的情形吗?是有目的的操控行为还是其他原因造成的不理性行为?你会选择哪种方式来保护自己?

小心陷入职场性骚扰的旋涡

1."Me too"之外

2023年下半年,在热播的律政题材电视剧《无所畏惧》中,有一条让人称赞的副线——小镇青年助理律师邱华被自己的上级韩主任威逼利诱做"小三",后来她成功与女主罗英子合力掣肘韩主任,最终彻底摆脱了这位顶头上司的骚扰和控制。编剧以教科书式的方式,为我们展示了如何应对这种在现实中很难妥善解决的职场性骚扰问题,迎来一片叫好声。

深圳市人民检察院在官方公众号上发布了一篇名为《职场性骚扰,一次比一次过分……他获刑入狱!》的文章,讲述了女性入职后被同事骚扰的案情和审定结果。这不禁让我们职场女性思考这样一个问题:职场性骚扰到底有多严重?是否能依靠法律的保护彻底解决?

回顾过去,"我也是"(Me Too)这个反性骚扰运动于2017年在美国发起后,轰轰烈烈席卷全球。随着一个个女性站出来,公开自己被骚扰的证据,向世人揭开了面纱下藏着的丑陋现实,在给受害的女同胞们一些勇气的同时,让"性骚扰"这件被迫暗暗隐藏的事件被纳入公众热议的范围,也让我们看到了受害者的范围之广,令人唏嘘。

通关：职场女性如何少走弯路

早在 2018 年就有机构发布了《中国职场性骚扰调查报告》，共涉及 233 份调查问卷，样本量不算大，但也为我们提供了一个参考。该报告提到，有 66.5% 的受访者遭遇过职场性骚扰，其中，有 5 位男性遭遇过，占男性受访者的 23.8%；有 150 位女性遭遇过，占女性受访者的 70.8%。这 150 位女性中，90.7% 遭遇过来自上司或者同事的性骚扰。

在 2021 年，Yummy 平台联合 TOPHER、众泽妇女法律中心千千律师所、橙雨伞微博、青年志 Youthology 和睿问官方微博等平台，发起了《2021 年职场性骚扰现状调查》。这次调查共回收 2413 份有效问卷，其中女性占 95.42%，有接近 80% 的女性有过一次或一次以上的被骚扰经历。这次的调查设置了多个年龄段，结果显示 41~60 岁这个年龄段的受访者遇到过职场性骚扰的比例最高，其次分别是 31~40 岁、25~30 岁、18~24 岁和 18 岁以下。性骚扰的实施者以男性为主。受害者中一半以上的人表示骚扰者对自己有直接或间接的掌控关系，例如影响自己加薪或者升职的机会，这说明职场性骚扰更易发生在有权力压制的情形中，比如上下级关系。性骚扰大多发生在公司的公共场合，比如办公室、会议室、洗手间等，也有一部分发生在出差或应酬需要去的一些公共娱乐场合，如 KTV、饭馆等。性骚扰的形式大多跟语言调侃、羞辱相关，并且骚扰者在实施一些实质性的骚扰之前会先通过言语来试探。

令人难过的是，从报告中可以看到，超过一半的人被骚扰后没做出任何反应，原因是来不及或无法做出反应或者想要避免二次伤害,这透露出受害者的弱势和无奈。

这些都在"Me too"之外。

以上这些是公开的调研数据,相比这些冰冷的数据来说,我身边曾经遇到的案例则显得更加具象。

一位女同事向公司写公开邮件投诉,说她和男上司出差期间,男上司给她发骚扰信息,提出过分的暗示要求。因为没有可以惩处的实质性证据,再加上这位男上司身居要位,手握公司命脉信息,事件不了了之。这位女同事最后也黯然离开。

一位找我做教练的女性客户,在一家鼎鼎有名的大型国企中做项目经理。因为在职场上处于弱势,受到男上司的骚扰后,她不得不隐忍,综合权衡之后她选择了沉默和换部门。

一位女性朋友和我说她在公司处理过好多起性骚扰事件,她自己也经历过来自同事的骚扰。骚扰者通常会在一开始表现出一副很关心人的样子,借着请吃饭或喝下午茶的方式拉近彼此距离,然后逐步开始有越界的动作,例如靠得很近、摸肩膀、借着看手机的机会拉住手不放等。好在当她意识到这些越界的行为时,立刻避开或与其划清界限,避免了进一步的发展。

…………

这些真实发生的事件,把女性在职场中经历的骚扰再次呈现在大众眼前。这些职场性骚扰的主要表现有:

(1)被反复凝视身体敏感部位;

(2)被故意用身体碰撞或靠近;

(3)收到包含性方面内容的微信、短信、邮件等,或者遭到包含性内容的语言挑逗；

（4）遭遇猥亵动作，甚至是暴露性器官；

（5）在未经同意的前提下，被强行抚摸、搂抱、亲吻等。

我们发现一条规律——那些看起来胆小、好操控或者不太会反抗的女性更容易成为被骚扰的对象。

所幸，2020年5月28日，"性骚扰"被列入了《中华人民共和国民法典》。第十三届全国人民代表大会第三次会议表决通过的《中华人民共和国民法典》第一千零一十条规定："违背他人意愿，以言语、文字、图像、肢体行为等方式对他人实施性骚扰的，受害人有权依法请求行为人承担民事责任。机关、企业、学校等单位应当采取合理的预防、受理投诉、调查处置等措施，防止和制止利用职权、从属关系等实施性骚扰。"同时，《中华人民共和国民法典》规定受害人可以向法院起诉，要求赔礼道歉、赔偿精神损失、消除影响等。

自此，防止"性骚扰"有了法律保护这层"防弹衣"。当然，事件发生后，维权的过程需要时间，受害者的心理也要承受二次伤害的压力。所以，要尽可能以预防为主。

2. 不立于危墙之下

先贤说"防祸于先而不致于后伤情。知而慎行，君子不立于危墙之下，焉可等闲视之"，意思是说聪明的人不把自己置于危险的境地，一旦意识到身处险境就应及时离开。这是先圣的智慧。享誉全球的投资人查理·芒格也曾说过一句类似的名言：

第6章 磨砺关：积极面对不公与窘境

"如果知道我会死在哪里，我将永远不会去那里。"这是芒格一生投资成功所遵循的原则之一，更是洞察人性弱点的大智慧。

知道有危险，而且主动避开，是保证自身安全最简单的方法。这与一个人是否足够强大无关，只是展示了一个人对待风险的策略和智慧。

从那些遭遇过性骚扰的职场女性的经历中，我们看到了许多被迫和无奈，但也有一些具体的措施可以预防或者减少骚扰，值得借鉴。以下是亲历女性分享的经验和建议。

轻易不要接受男性同事在金钱方面的帮助，尤其是向其借钱。注意穿着，不要穿大面积显露身材和皮肤的服装。穿者无意，见者有心，要避免让有骚扰倾向的人误会，以为这是在有意表达一些引诱的信号。

要画出明确的界线和表示拒绝。例如当发生肢体上的碰触时，第一时间避开并且提醒对方。如果收到超出合情合理范围的邀约，例如深夜的非工作邀约，表示拒绝或者建议换个时间地点等。如果收到有暗示或者明示的骚扰信息，及时表达拒绝，例如"请不要再发这样的信息""我很尊敬你是因为你在公司的重要贡献，但这个信息不合适，请自重"等。

如果出差在外，避免在没有第三人在场的情形下，在封闭的房间内开会或谈话，可以选择酒店大堂或者其他公共场合。如果现场条件不允许，可以开启电话录音功能，以备未来不时之需。

避免在封闭的空间中单独交谈。如果只有2个人会谈，要保持谈话场所透明可见，例如拉开办公室或者会议室的百叶窗，让外部能看到里面的情形。现在写字楼的办公室装修设计通常会考虑到这个诉求，越是管理规范的开放的公司越是如此。

以上这些措施在一定程度上能够起到预防性骚扰的作用，但是，就像调查报告中显示的那样，在不平等的权力压制下，即便做了充分的预防，也不一定能够幸免。当事件发生后，需要采取有效的方式来应对，更加需要有昂扬的斗志和面对困难的勇气。

3. 昂扬的斗志

一旦无法预防，就必须"穿上盔甲"，拿起"武器"，与骚扰者对抗，甚至进行司法维权。以下提出一些具体建议以供参考。

第一，搜集和保留好证据。

这一点无比重要。在司法媒体上经常能看到一些"职场性骚扰"案件处理分享，所有的判决结果都建立在证据确凿的基础上。只要证据能够直接指向骚扰行为，法院一般都会支持起诉者。如果你把这些骚扰的证据公布在社交媒体上，即便你被对方起诉侵害名誉权，也依然会获得法院的保护和支持。

第二，及时向公司的人力资源部门相关负责人或者其他负责公司内部维护公正的部门举报。

在规模大一些的公司中，人力资源部门会设置管理员工关系的专职人员，专门负责各种涉及员工和法律之间关系的事务。

如果公司没有这个专职岗位，可以直接向人力资源部的负责人进行报备和申诉。不论你手上是否有确凿的证据，都可以向他们寻求帮助和支持。一方面，你能够通过报备和寻求帮助减轻心理上的压力，另一方面，可以在第一时间争取支持者。通常，合格的人力资源相关人员都有着客观、公正的态度，也承担着维护员工与公司双向利益的职责。他们会成为协助你收集证据的帮手、展开调查的主力，还会成为制约骚扰人的力量之一。大型企业还会设置举报热线或邮箱，可以通过邮件或者电话反馈等方式举报。背后负责相关风险管控的人员会做进一步验证，这也能给受害人带去保护屏障。

第三，寻找其他受害者，形成联盟。

Me too 本质上也是借助联盟的力量来为受害者撑腰。骚扰者多数是惯犯，侵犯的对象通常不止一个。你可以私下找周围消息比较灵通的同事打听，找到其他的受害者，交换信息和证据。这样做可以给自己增加力量，使自己不必孤军作战。

第四，报警或者申请法律制裁。

拿起法律武器来保护自己，是一件特别"飒"和"酷"的事情，当然，也是一条有些"苦"的路，因为你需要搜集和提供充分的、确凿的证据，这一过程需要反复揭开伤口。现在，《中华人民共和国民法典》《中华人民共和国妇女权益保障法》中都有明确的法律依据。

第五，发送公开邮件。

发送公开邮件是一种极具杀伤力的方式，但如果不到万不得已，不建议使用，因为这种方式副作用极大，相当于杀敌一千自损八百。公开邮件能向骚扰者和公司施加压力，同时也会让自己成为舆论旋涡的中心。不明就里的大多数人会因为不了解情况而发挥想象力猜测，甚至抱着"吃瓜"的心理观望，把这件事当作奇闻轶事，迅速向外传播，你需要做好充分的心理准备。

对抗需要强大心理和内在勇气，愿每一位不幸遭遇职场性骚扰的女性都能生出这样的力量，在这条充满荆棘的路上一步步走向胜利。

〈 思考与练习 〉

假如有受到性骚扰的同事向你求助，你会如何应对？怎样做才能起到最积极的作用？

性别不应成为不公平的源头

1. 眼前的现实

性别在职业市场上有什么影响？女性在职场中的现状如何？这是所有职场女性面对和关心的问题。2023年8月，麦肯锡发布了一份名为《新时代的半边天：中国职场性别平等现状与展望》的专题报告。在这份专题报告中，我们看到了令人欣喜的方面，也看到了难以突破的、老生常谈式的不平等事实。

报告显示：我国职场的性别平等已经取得显著进步。我国的职场女性数量位居全球第一，约占全球女性就业总人数的26%，女性就业率达到44.8%，高于新加坡和韩国等亚太国家，与美国和瑞典等发达国家持平，总体上长期高于全球平均水平。特别值得提出的是，我国的新兴行业涌现了诸多女性创业者，尤其是在科创行业，41%的科创企业拥有女性创始人，比美国高14%，位居全球第一，这是女性突破传统行业性别束缚的积极现象，说明职场发展环境有所改善。

这样亮眼的数据并未颠覆职场性别的不平等。因为在中层管理人员中，女性占比只有22%，在高层管理人员中，女性占比只有10%~11%，出现了晋升通道上的"中层管理瓶颈"和"高管职场天花板"现象。这种现象并不是一开始就存在的，因

通关：职场女性如何少走弯路

为女性在初级职位中占比达到51%，比男性略高。职场上的"同工不同酬"现象仍然普遍，女性的劳动价值被低估，同样的岗位和职责，女性得到的薪资比男性要低。另外，在招聘、晋升等环节也存在性别歧视。性别、年龄方面的限制成为职场"心照不宣的秘密"。"女性要生孩子，有漫长的产假，会以家庭为重心，工作不上心""不愿意加班""不够理性"等刻板印象会成为女性应聘和晋升的不利因素。人力资源部在给自己团队招人时，也会优先考虑男性。

尽管我们不乐意看到这些不公平的现实，但除了接纳，能影响和改变的并不多。

2. 可以有所为

几年前，我在一次教练课上当助教。学员中有一位来自大厂的女性，年龄应该在30岁上下，给全班人留下了非常深刻的印象。当时课堂上有一个环节是"比试"的体验游戏，女学员需要展示自己的女性魅力。大家纷纷展示自己的才艺和特长，轮到这位女性时，她竟一上来便趴在地上干脆利落地做了十个俯卧撑，令人诧异不已。我在大厂的经历让我更好地理解她为什么会这样做。

从她举手投足的气质中，我能感受到她是一位将重心全部放在工作上的职场女性，对事业的追求可能是她现阶段的人生焦点。在人才济济的大厂，一方面，每个人需要凸显自己的优势；另一方面，女性展示像男性一样有力量和理性冷静的特点，

第6章 磨砺关：积极面对不公与窘境

对自己更公平地参与竞争、赢得机会有帮助。有句俗话说职场上"女人当男人用，男人当牲口用"。有一次，我在惠州的一家酒店出差交付工作坊时，请酒店的几位女服务员叫几位男士来帮忙搬一下桌椅，她们的回复竟然是"我们就是啊"，让我十分惊讶。

不公平吗？我觉得未必，因为这是她们选择的应对方式。

有什么不好吗？我觉得可能也没有，因为她们并未表现出被迫和不喜欢。

也就是说，在看似不公平的环境中，她们采用了更有利于自己实现职业价值的方式参与职场竞争。当大的环境无法改变时，调整自己也可有所为。

相对男性而言，女性有天然的优势，我们在前文对此有阐述。如果能够发挥女性在情绪识别、共情、社交、抗压复原、细心谨慎等方面的优势，她们也是有非常多的机会去创造价值的。瑞信研究院发布的"CS Gender 3000"报告中指出，女性领导者在高管团队中占比较大的公司，在股市中的表现会更好。过去十年的数据显示，这种正向关系正变得越来越明显。也就是说，高管团队中女性领导者所占比例较低的公司，与女性领导者占比较高的公司，在资本市场上表现的差距在逐渐增大。同时，关于领导力的研究也发现，女性如果有意识地加强自己的战略决策能力，多展现出自信，会有更多机会进入高管团队。

从另外一个角度来看，女性也不是必须争取和男性一样的

通关：职场女性如何少走弯路

职场权益，最关键的还是选择自己喜欢的、能发挥优势的擅长领域去大胆争取和创造价值。例如，在人力资源这个领域，女性占比超过 80%，涌现了非常多的优秀管理者和专家，因为女性在这个领域能够发挥人际处理方面的优势。在财务领域，女性也占据了相当高的比例，因为财务工作能够发挥女性细心和风险意识高的优势。具体到每个人，还要回归到对自己的清晰认知，具体情况具体分析，决定权始终在自己手中。

值得特别提醒的是，身为女性，如果在男性主导的职场环境中获得晋升机会的话，需要留意自己的言行举止是否会成为他人散布谣言的依据。有的公司会出现"某某靠与领导不正当关系上位"的传闻，这是权力斗争中的小花招。如果自己恰好是这些传闻的女主角或者潜在女主角，除了调节好自己的心态不予理会之外，谨慎处理自己与"绯闻男主角"之间的言行与互动方式，能够在很大程度上获得更多主动权。毕竟，"清者自清，浊者自浊"是智者的信条，对广大吃瓜群众而言，看热闹不嫌事大。

〈 思考与练习 〉

1. 在你身处的职场中，女性的职业发展情况如何？是性别带来的优势更突出，还是因此而遭受的不公平对待更显著？
2. 为了使自己的职业发展道路不受性别影响，你会如何做？

最难的时候这样求助

在本章前面的内容中提过一些遇到具体问题时的求助方式，在这里我特别推荐一种很好的求助方式——教练。我曾花了 4 年时间去学习教练，又在兼职为个人和团队提供教练辅导的这条路上走过了几年。我在遇到坎坷的时候，也请过长期或者短期的教练支持我，所以我对教练的工作方式和作用有相对完整的认识。

也许对于很多人来说，教练的概念还停留在篮球、足球等运动的训练者上。教练（Coaching）一词源自美国，是动词也是名词，做动词时，表示通过积极的倾听和有力的提问，启发被教练者打开思维、激发潜能，企业在做管理干部的领导力培训时，通常有一门必修课叫"教练式领导力"；做名词时，代表一个职业或者身份，或者是一种被流行地称为"后现代咨询技术"的助人方式。这项技术的鼻祖是添·高威（W. Timothy Gallwey）。他发现运动员在球场上要与两个对手对抗，一个是外在的对手，另一个是自己内心的对手，只有战胜内心的对手，运动员的潜力才得以最大限度地发挥。教练能够支持运动员克服障碍、帮助运动员挖掘潜力甚至获得冠军。添·高威的著作《网球的内在游戏》（*The Inner Game of Tennis*）曾在管理学界引发轰动，"教练式领导力"随着 AT & T、IBM、通用电器、可口可乐、福特、丰田等巨型企业的导入而迅速风行欧美。①添·高威也被企业界誉为企业教练的先驱。

教练作为一个专门的职业，在欧美已经相当成熟，还根据教练个人的擅长和专注的领域，分成了不同种类的教练，例如个人成长教练、职业生涯教练、亲密关系教练、帮助企业发展相关的教练等。在国际上，也有专门帮助教练提升教练能力、提供培训、认证教练能力等级的行业协会，例如国际教练联合会（International Coach Federation，ICF）和欧洲导师与教练协会（European Mentoring & Coaching Council，EMCC）。截至2023年底，教练已经有将近50年的发展历史了，近几年才在国内流行。现在很多高管转型选择的就是教练，例如曾任IBM中国区渠道总经理、微软中国公司总经理吴士宏女士，原在沃尔玛任职副总裁王渝佳女士，都已转型成为颇具影响力的商业教练。越来越多的大型企业在内部建立教练文化，培养内部教练，为员工提供一对一的辅导，比如腾讯成立了公司内部的教练协会，华为也在外部做了大量的教练培训和认证。

为什么教练是不错的助人方式？因为教练关注被教练者的潜能，以被教练者为中心，相信被教练者有足够的能力和资源解决问题。在教练的过程中，被教练者有被倾听、被理解和被全然支持的良好体验，在有力的提问中启发思考，找到答案。

---

① 知名企业名称均为简称。

第6章 磨砺关：积极面对不公与窘境

有很多教练领域的大咖写过一些不错的书，其中有教练心法和教练案例，感兴趣的读者可以去拓展阅读，比如叶世夫老师的《教练的修为：一位中国 MCC 的教练之道实录》、吴咏怡老师的《好教练，受用一生》等。

通常阅历丰富、能力多元的教练，既能承担纯粹的教练角色，也能灵活发挥顾问和导师的作用，并且具备多元能力，可以帮助被教练人获得真正的成长。你可以申请一段时间（一般一个合约为 6 个月）或者是单次的教练服务，在专业的教练支持下，建立对自己的完整认识，开启更广阔的思维。相信你会在最难的时候，依然有力量走出低谷，越过高山。

第 7 章

突破关：职业瓶颈会成为伪命题

"只有不设限的人生
才能突破生活的重围"
——《许不设限》

若不给自己设限,则人生中就没有限制你发挥的藩篱。

——张雪峰

别让自我设限遮住天空

1. 信念

文化演艺公司的首席执行官（CEO）Flora 肩上的担子不轻，她每天都在忙着处理各种各样的复杂问题，例如配合文化主管部门承接上级组织要求的管理工作、考虑如何达成董事会要求的经营目标、协调全国各地剧院演出、统筹每年的剧目创作和全国巡演等。同时，还有来自同行准备随时"抢夺"市场的压力。即便是 Flora 这样内心强大的人，一路走来也是在风浪中踉跄前行，穿过黑暗追寻黎明之光。

我问 Flora，如果用一句话来总结，是什么在支撑她，又是什么对整个职业生涯的发展影响最大，她说："最重要的是打破框架，不设限。不要觉得想做这个但是做不到，这是自我设限。"Flora 对此有非常深刻的体会。她说如果有了目标，就一定要坚持下去，即使过程中遇到问题，想办法解决并及时进行事后总结就会获得一些正向反馈，也就有了力量继续前进。谁也不是一开始就能处理复杂的问题，能力都是在反复尝试中不断磨炼出来的，就像游戏升级打怪一样变得更厉害，前提是不要自我设限。

Flora 从公司网站的一名普通用户到公司的一名员工，最终跃升为整个集团公司的 CEO。在 Flora 和团队的共同努力下，公司成为建立演艺全产业链的先行者，并连续多年进入中国演艺排行榜十强，其中最核心的秘密就在于不自我设限的信念。

2. 看向蓝天

"不设限"像是一碗鸡汤，如果不是出自事业成功的 CEO 之口，我们很可能会认为这只是一句口号而已。事实证明，那些听起来像"鸡汤"的话，对于不相信和没有体验过的人来说，的确只是"鸡汤"，而对于真正经历过的人来说，却是一路总结的人生智慧和信念支撑。

10 年前，有一位天生没有四肢的"海豹人"火遍了全球，他叫尼克·胡哲（Nick Vujicic），一位澳大利亚演说家。他在全球做了多场热血沸腾的励志演讲，也曾在清华大学和复旦大学发表过演讲，他的经历和故事打动了很多人，点燃了无数人的梦想。尽管他天生没有四肢，但却战胜了我们以为绝不可能的挑战——与海龟一起游泳、潜水，踢足球、溜滑板、打高尔夫球。我们以为他不行，他却样样都行。所以，别让自我设限遮住了本来可以任我们翱翔的蓝天。

不设限在职业发展这个领域主要体现在：愿意接受挑战，敢于设置远大的目标并且为之努力，遇到问题时会迎难而上，拒绝自我否定。这背后有和自信心相关的心理因素影响，也与性格中爱幻想的特点有关。

事实证明，不设限的信念也可以通过刻意练习建立起来。

首先，要看到自己的限制性信念。

检视一下自己深刻认同的理念中，有什么是对自己有限制性的？比如：

"女性做得再好，也是最终要回归家庭的。"

"我相貌很普通，肯定是很难给人留下深刻印象的。"

"我没有名牌大学的学历，不可能获得那么好的机会。"

……

事实真的是这样吗？当然不是，我们非常容易找到驳斥这些理念的证据。其实这些限制性的信念是自己设的，盘踞在脑中便会把自己包裹起来。你可以试着列一下自己所坚信和认同的理念，然后把那些具有限制性的理念划掉，并且自证和驳斥它们。

其次，对自己进入设限的状态有觉察。

当自己陷入了"旋涡"，脑中有各种否定、打击和害怕出现时，要立刻警觉起来，看自己是否陷入了自我设限的状态。如果是的话，立刻对自己喊停，跟自己说"你又在自我设限了"。坚持几周时间的觉察练习后，这种自我设限的"牢笼"就会被打破，从此建立新的信念。

最后，付诸行动。

陷入自我设限困境中的人，通常思虑多而行动少。所以，最有疗效的"药"就是行动，因为行动是解决一切焦虑、害怕最直接的方式。一旦行动起来，你会发现原本的担心其实是多余的，而且正像 Flora 所说的那样，你在行动中会收到来自别人的正向反馈，而这又会增强行动的动力，由此进入积极的良性循环。

通关：职场女性如何少走弯路

治焦虑的良药，是行动！

试想一下，没有乌云遮挡的天空，是不是晴空万里？乌云就是自我设的限制，那湛蓝的天空就是你可以自由飞翔和探索的职业之路。

〈 思考与练习 〉

请盘点自己一直以来非常认同的信念，找出哪些是限制性的信念，并且对这些信念进行一一驳斥。

低起点也能进入大平台

1. 可能吗

曾经有人向我提了一个问题:"我需要一些在像华为、腾讯这样的大厂工作经历,这样未来我的发展或者转型都会更好,但是我没有特别突出的教育背景和工作经历,有可能被录取吗?"

我的回答是,当然有可能。

名牌大学的教育背景和知名企业的工作经历,就像漂亮衣服一样,会很快吸引人的目光,但顾客会不会真的买,也要看穿起来合不合身,性价比高不高。大厂也有很多教育背景普通但有某项突出能力的人才。我印象特别深刻的是,当年我在腾讯时,有半年时间在为一个技术部门提供储备干部的辅导,其中一位储备干部的学历只有高中。当我看到这个信息时很吃惊,于是找他们的总监问了一下,原来这位储备干部技术实力很强,只可惜年少贪玩辍学了。这足以说明,只要能力够稀缺或者刚好满足需求,没有突出的教育背景也可以敲开大厂的门。

我陪着这个团队做过几次工作坊,还增设了个性测评和结果解读等内容,在接触过程中也慢慢对团队成员增加了了解。后来,这位储备干部专程找我聊了一下他的困惑。原来他申请

通关：职场女性如何少走弯路

转岗去了别的事业群，继续做技术工程师，心中带着失落和遗憾，最主要的原因是团队另外一个人被任命为组长。究其原因，他的学历远低于公司"本科"的基本要求，很难在一群实力相当的人中获得更多晋升机会的胜算。所以，教育背景不一定是加入大厂必备的敲门砖，但是，如果实力没有显著突出到可以破格晋升时，教育背景一定会成为通往下一级阶梯的"拦路虎"。

我当初参加腾讯的面试时，部门总经理听我做完介绍后，说"虽然起点低一些，但是一直保持学习和积累"。尽管已经过去好几年，这句话依然会在我脑中闪现，因为这句评价直接又中肯。当时部门中绝大部分都是985、211的名校同事，相比之下，我这普通本科加在职硕士的教育背景，实在没什么亮点，但是我工作经历比较丰富，做过偏远地区支教老师、外贸业务员、董事长助理，完成了人力资源总监的跨界转变。我重要的一段工作经历，是在一家没有太多市场竞争压力的燃气公司工作，相比其他通过校招进入互联网公司的同事而言，实在也没什么突出之处。

印象中，我面试了7轮，整个流程下来差不多2个月时间，算是比较漫长的过程。后来我和我的上司Kelly聊起为啂我能进来，她告诉我，其中一个重要的原因，是我在给学院马永武老师做PPT演示我做过的项目时，对于马老师提出的某个问题，我不知道，就回答了"不太清楚"，并且提出了请教。我不禁憨笑，真诚原来真的是被这个世界所呵护的。

我总结了一下,我以低起点和跨行业的背景,能加入当时已经大热的互联网头部公司,主要的原因有以下三点。第一,刚好具备了应聘的岗位所需要的一些专业能力。例如我在人力资源管理、人才发展、测评应用和项目管理方面有一些积累。第二,刚好所应聘的岗位和所在的事业群对互联网行业的直接经验要求没有那么高。第三,刚好性格中的一些特点,例如好学和务实,与团队的偏好相吻合。我想,运气也是不可缺少的因素,不然怎么会有这么多"刚好",在合适的时机,遇到了愿意给我机会的人和需要我去发挥作用的事。

我和阿里巴巴、华为以及网易等其他大厂的朋友们也探讨过,其实每家大公司都会有很多类似的情况,未必都是条件和要求高得让人不敢触碰,只要你攒到足够的"刚好"就可以进入。

2. 给点建议

如果你也是起点一般,但想要加入大平台,我可以提供一些建议。

(1)要在1~2个热门或者需求比较广的专业或者技能上积累足够的经验,形成你的代表性专长,并且总结成为方法论。这是成功的必要条件,没有这个基础几乎很难获得门票。

(2)平时保持学习和交流。去参加本行业或者相关行业的会议、论坛等,这是非常好的学习、打开视野和建立人脉资源的方式。

(3)输出自己总结的经验和方法论,通过自媒体、专业圈子等传播。这样做不仅可以通过"输出倒逼输入"去学习和吸收，更重要的是将会给你带来影响力。

（4）对心仪公司保持持续关注。可以到招聘网站上去了解相关岗位要求，进行自我对照，以便能够更有针对性地学习和补齐技能。

（5）尝试通过内部推荐的方式来获得工作机会。以腾讯为例，内部推荐的成功率高达50%。所以你可以盘点自己的人脉关系网络，找到在大厂的朋友或者熟人，向他们了解公司的一些情况，认真介绍你的专长，请他们帮忙做内推。如果内推成功的话，他们也会获得一定的奖励，所以只要你有突出的优势，他们会很乐意推荐你。

集齐这五张"通关卡"后，你只需要保持平常心，耐心等待机遇这个"神龙"的召唤。

〈 思考与练习 〉

试着列出你心仪的公司，并回答以下的问题。

1. 公司的文化理念是什么？我是否喜欢？
2. 有什么岗位是我感兴趣的？这些岗位公开的要求是什么？还有哪些没有被列出来的潜在要求？我的匹配度如何？
3. 分析确定需要学习和补足之处。
4. 谁可以成为我的内部推荐人？如何才能请到他/她帮我做推荐？

既要事业又要家庭

1. 鱼和熊掌

也许有些"95后"和"00后"的年轻人会诧异:事业和婚育是矛盾体吗?很多年轻人的人生愿望清单里并没有"结婚生娃",甚至连"谈恋爱"都未列入,但是有一份权威的调查结果足以刷新我们的认知。

2022年,中国人民大学人口与发展研究中心教授李婷以及她的两位博士生郑叶昕、闫誉腾完成了名为"大学生婚恋观"的调研,调研对象是全国30所高校的学生。李婷教授在《人物》的访谈中说,其实大学生的结婚意愿和理想子女数,比我们想象的要高。一般在一线城市的、受过高水平教育的群体的婚育意愿特别低,但实际上从全国来看没有想象中悲观。所以事业和婚育家庭,依然是一个"鱼和熊掌如何兼得"的问题,现在或者未来的职场女性需要去面对和处理。

事业和家庭两者站在天平的两端,由来已久。

2023年10月9日,瑞典皇家科学院宣布,将2023年诺贝尔经济学奖授予哈佛大学经济学家克劳迪娅·戈尔丁(Claudia Goldin),以表彰她"发现了劳动力市场性别差异背后的关键因素"。戈尔丁是历史上第三位获得诺贝尔经济学奖的女性。她

通关：职场女性如何少走弯路

在《事业还是家庭？女性追求平等的百年旅程》一书中，总结和归纳了她过往的研究经历，为我们呈现了 19 世纪末以来，五组受过大学教育的不同阶段的美国女性，在家庭和事业间的权衡取舍。例如，1960—1970 年的大学毕业女性，因为女权主义复兴等多重因素，将事业发展放在了家庭的前面。这个阶段的女性，更愿意投资教育，就业不仅要考量能给家庭增加多少收入，而且要衡量自身的愿望和自我意识。但是，随着社会进一步发展，1980—2000 年的大学毕业女性，在事业和家庭的天平上，基本上开始渴望两者并重。原因是她们认识到一些被推迟的事情可能永远也无法完成，例如生育，还有一些被推迟的事情可能最终会实现，但是要付出更大的代价。

今天的你我也是在事业和家庭之间寻找兼得的方式。

2. 寻找平衡

事业起于工作，但是工作不等于事业。工作更像是谋生的手段，而事业是人生价值和意义实现的方式。最理想的状态是，所从事的工作正是自己所追求的事业，把自己热爱的事情做到极致，对外创造价值，对内实现价值。

当你倾注精力追求事业时，如何平衡家庭与事业变成一个纯粹的时间分配问题。其他的干扰，比如外在压力带来的情绪影响给自己造成的消耗，会因为意义感和价值感而削弱很多。因此，你并不需要花太多精力去处理工作中的情绪消耗所带来的能量降低，你要做的，就是把精力放在时间统筹上。我们看

第7章 突破关：职业瓶颈会成为伪命题

看通过工作来实现事业价值的宁音和 Flora 是如何统筹时间，兼顾家庭与事业的。

前面我们介绍过，宁音是两个孩子的妈妈，她从参加工作起就是个工作狂，因为她非常喜欢自己所做的事情。如今，大宝上小学高年级，二宝还在幼儿园，很依赖妈妈。为了孩子的健康成长，宁音必须从 996 的工作节奏中抽身出来，给孩子足够的陪伴和关注，若是错过这个时间段，意味着未来将要付出极大的代价来弥补。幸好宁音在参加一个经理人成长的学习项目时，遇到了一位非常好的教练。在教练的辅导下，宁音警觉到了自己"100 工作 + 0 家庭"模式的弊端，并决定做出改变。

教练提供了一个时间精力规划的工具给她做参考。宁音按照自己关注的 5 个重要维度，设置了 5 个目标，同时，她还针对这 5 个维度做了明确的计划。这 5 个维度包含了工作的业绩目标、陪伴孩子和自己的学习成长等方面。关于工作的具体任务，宁音会问自己"这是必须要我亲自去做的吗，有哪些是要交给团队的"，如果不是必须亲自去做的，她会选择交给团队。这样一方面可以让自己腾出时间来做更重要的事，另一方面可以培养团队成员的能力。她将自己吃喝拉撒等不能少的时间刨除后，确定每天大约有 12 个小时可以调配，然后把这 12 个小时分配到 5 个方面的相关事项上。为了更加明确时间的分配，她还会列出哪些是长期需要保持不变的行动，哪些是短期的，需要每周更新，再明确哪些是需要每天都投入时间的。她以周为时间单位，检查规划表上的计划完成情况，有问题及时调整，

通关：职场女性如何少走弯路

滚动 3 个月后再回顾哪些需要优化。

经过时间调配后，宁音每个周末都以陪孩子和自己学习为主，工作日也有固定的两天在晚上七点下班回去陪孩子。这样的状态，不仅使宁音感觉轻松了很多，还增加了她陪伴孩子的时间。团队管理事项列在了工具表的重要目标中，每周在团队上投入的时间和效果一目了然，具有推进业务和预防风险的双重功能。事实证明，这个时间规划和管理工具是有效的。

与宁音借助管理工具的方法不同，Flora 采取了分阶段关注和融合策略来解决事业与家庭平衡的问题。

Flora 有一个即将参加中考的女儿，正处于求学阶段的关键时刻。多年来，Flora 工作相当忙，周末也会因为有演出而要留在剧院现场，一直以来能够纯粹陪孩子的时间很少。为了平衡事业和家庭，她从两方面着手：一是将陪伴孩子融入自己的工作中；二是根据孩子所处的阶段，适当增减陪伴孩子的时间。比如，当孩子还在小学阶段时，她会把孩子带到剧院现场去参加演出活动，邀请孩子一起来给话剧的周边产品提创意点子等。如此一来，孩子不仅在成长过程中有了特别的体验，更增加了对妈妈事业的理解和支持。当孩子进入初二以后，Flora 知道这个阶段孩子需要为中考冲刺，即使不参加中考，也要与孩子一起规划求学的路。所以在这个阶段，她会刻意地减少加班，多抽出时间关注孩子的学习和心理成长。总体来说，Flora 感觉自己在家庭和事业之间是做到了平衡的。

宁音和 Flora 的工作不同，采取的方式和策略也不一样，但两人的家庭有一个重要的共性条件——家中有老人帮忙。古语说"家有一老，如有一宝"，爷爷奶奶或者外公外婆在家帮忙，为整个家创造了最大的"安心价值"，这对于忙于工作的女性来说，无疑是巨大的帮助。当然，也有很多女性因为各种原因，没有老人帮忙，需要自己承担照顾孩子的具体任务。这对于职场女性来说，是一个不小的挑战。从我周围看到的案例中可以发现，兼顾事业和家庭的女性，一般都采取了以下三种方式来解决这个问题。

第一，兼职或者工作时间有弹性。例如，我有一位从事外贸业务的女性朋友，在孩子还非常小的时候，她选择了在家做兼职的外贸业务，通过电话和网络与客户沟通。当孩子上学之后，她和公司商议好每天只需要去公司半天时间，以便能够在下午四点前回家接孩子。

第二，托管孩子 + 夫妻双方轮值。很多社区都开设了小型的幼儿托管中心，一些女性等孩子满 2 岁后将孩子送到托管中心，托管一天或者半天都可以。大部分幼儿园也开设了小小班，接收 3 岁以下的小孩子，这样女性可以在托管时间段把时间和精力转移到工作中。由于托管不太可能从早到晚，仍然需要家长提早去接孩子，所以夫妻会协商着轮流安排时间去接。

第三，请居家照顾孩子的阿姨。选择一个有爱心、对孩子好的阿姨不是一件容易的事情，需要花时间精力去筛选，还需要有一点好运气。这种方式下，女性通常都会通过摄像头监控来关注孩子是否得到良好的照顾。

通关：职场女性如何少走弯路

托管或者请阿姨的费用不低，甚至和女性去工作的收入持平。但是女性尽早地重新回到工作中，有一个重要的意义不能用金钱衡量，那便是价值感和保持职业发展所需要的积累。

总的来说，既要事业又要家庭这个历史悠久的"两难问题"，一直在被探索。它既不是一个有绝对好办法的问题，也不是一个绝对无解的困扰，而是需要自己根据自己的资源，去创造性解决的问题。那些成功的榜样案例，能带给我们更多的信心，让我们相信自己可以，而不至于陷入自我设置的"不能陷阱"中。

35 岁之后继续保持黄金期

1. 是坎吗

35 岁，是一个职场人焦虑的触发器。互联网上充斥着这样的标题：

"35 岁，成了中国最不受欢迎的人。"（视觉志）

"35 岁以后，别成为职场中的奢侈品。"（刘润）

"35 岁，体能断崖。"（36 氪）

"35 岁以后，请过低配的生活。"（十点读书）

"35+ 被裁员后，我决定摆摊卖花。"《三联生活周刊》

"来自 47 岁中年人的哭诉：35 岁以后的人生，只剩在劫难逃。"（第一心理）

……

这些标题让过了 30 岁的职场人心头一惊。是的，对于一些行业和职业，35 岁的确是一个分水岭。

公务员的招考标准有一条年龄限制：18 周岁以上、35 周岁以下。在互联网行业中，鲜少给 35 岁以上的求职者机会，除非你是管理者或者在专业领域有很深厚的积累，又或者是自带资源。不仅如此，当你在公司干久了，超过 35 岁，又没有什么特别贡献的话，一旦要裁员，你大概率会成为名单中的一员。

通关：职场女性如何少走弯路

2022年猎聘网发布的《当代职场人35+危机现象洞察报告》显示，35+职场人危机感最重的是互联网行业，排在后面的两个行业分别是金融和电子通信。

用人单位明里暗里设置35岁这样一条年龄门槛，背后有其合理的考虑。

第一，人的精力与产出转折的规律。年轻意味着体力脑力都处于最佳状态，没有家庭和其他事项来瓜分时间，不论是工作效率还是工作投入度，都处于整个职业生涯中比较高的阶段。35岁之后，很多人经常失眠、腰背痛和肥胖，自认为体力不济。这背后的原因，主要是久坐不动、工作压力大。在企业普遍期望员工有时间精力加班的现状下，选择35岁以下的年轻人就意味着有加班的劳动力。

第二，成长空间。人们从毕业加入职场大军起，便开始长时间的学习和积累。在工作的前10年，年轻人学习能力强，思维相对还没有完全固化定型，对新事物接受度高。对于企业而言，这意味着人力资本的增值会更高。但是过了35岁，人的记忆力下降，思维也已经形成定式，学习新事物的能力受到影响，这意味着成长的空间已经缩小。

第三，用工成本相对较低：企业职员的薪资水平通常与个人的工作年限、能力强弱相关，包含工资、奖金和股票期权等长期激励在内的总薪酬会随着工作年限的增加而增长。一个人从进入职场到30多岁，如果没有职位上的重大突破或者变动，薪酬收入一般会稳定在一个符合市场标准的较高位置上，保持

第7章 突破关：职业瓶颈会成为伪命题

比较小的浮动。越年轻的员工，意味着支出的工资成本越低，而年龄越大，企业付出的费用也越高。

结合以上三个方面的原因，我们也就能够理解为什么企业会把35岁当作一个年龄门槛。

尽管存在这样一个规律，我们发现还是有很多35岁之后依然在创造价值的女性。根据猎聘网发布的《2023职场女性发展洞察报告》，各行各业都有35+女性的身影，从她们分布的前10位行业来看，培训服务和食品、饮料、酒水位居第一和第二，占比分别为3.77%、3.28%。专业门槛较高且薪水高的行业如基金、证券、期货，计算机软件，IT服务行业中35+女性从业者集中度也较高，占比位居第三、第四、第六。从35+女性的细分职能分布来看，位居前十的职能大多都可充分发挥女性善沟通、有耐心、心细的特长，如位居第一、第二的行政经理、主管、办公室主任，采购经理、主管。特别值得注意的是，其中不乏高管职位，比如位居第三的副总裁、副总经理。

在我筹写本书时，访谈的对象一半以上超过了35岁，而她们正在各自的职业道路上"披荆斩棘，乘风破浪"，扮演着极其重要的角色。比如，Aya在37岁的时候被一家上市公司聘为副总经理；二孩妈Vickey在40岁后被董事长钦点为公司的改革小组带头人，还做起了内部新品牌和新产品的负责人；持不婚主义的阿绮，35岁时被提拔为创意总监，等等。可以说，她们在35岁之后迎来了自己职业生涯的高峰期。

35岁对她们来说不是坎儿，是因为她们做对了什么？

通关：职场女性如何少走弯路

究其原因，她们一直保持着有方向的学习，学习的知识和技能对自己的职业发展有直接的帮助。她们所在的领域中，并不存在特别明显的男女歧视，甚至女性还能更好地发挥优势。在她们的个性中，有接受挑战的勇气和应对压力的韧性。

> 慌什么，荣格都说真正的人生从四十岁才开始，在那之前只是做调研而已。

2. 一些建议

如果你现在还不到 35 岁，也想顺利越过 35 岁这个坎儿，持续攀登自己的职业生涯高峰，有以下的建议供你参考。

第一，持续学习，做个终身学习者。要保持学习的内容与工作的需求相关，包括通用性的技能，比如沟通、思考、高效的工作方法、谈判和影响能力等，以及专业技能上的精进。在积累了一定的经验和资历后，要学习管理的知识和技能。其他与个人兴趣相关的内容，也可以探索和学习，但是这些兴趣更多能带给自己的是陶冶情操，在职业发展的道路上未必能成为助力。

第二，深耕一门持续被市场需要的专业或者技术。有的人喜欢和专注于钻研专业和技术，不太擅长维护人际关系，所以他们擅长走专业技术路线，在各自的领域里持续创造价值，甚至"越老越吃香"。这里有一个前提：这些人掌握的专业技能是持续被市场需要的，而且是不容易被淘汰和替代的，比如科学研究、企业管理、研发实用新型专利等。随着 AI 时代的到来，储备一些不易被 AI 替代的能力，例如人际交往的能力、情感交流的能力，以及应用 AI 的能力，能为自己的职业生涯增添保障。

第三，尽可能积累管理经验。每个人都有自己的独特之处，不喜欢钻研专业或者技术的人大多会选择一些通用性的、专业度要求不高的岗位，例如行政助理、商务接待、客户咨询、一般性测试等。如果你有一定的沟通和协调能力，建议尽早争取成为一名团队管理者，在管理过程中积累管理经验。管理经验也是一项职业竞争力，能对 35 岁之后的发展起"加持"作用。一个人如果过了 35 岁，既没有团队管理经验，又没有过硬且有市场需求的专业技能，在市场上的竞争力会受很大的影响。

第四，选择对于女性来说职业空间比较大的通道。 研究表明，女性相比男性更突出的优势是韧性、共情、细致和善于沟通。这些优势在一些领域中可以发挥得淋漓尽致，例如人力资源、行政管理、财务等。在这些领域中，非常多 35+ 的女性干得非常出色，"35 岁"自然不是问题。

以上这些建议属于通用性的建议，每个人可以根据自己的情况来分析和选择采纳。对于正在面临 35 岁坎儿的人来说，这些建议并不能直接产生效果，需要关注的是转型或者创造第二曲线的问题，这个问题我们将在下一节探讨。

转型有一天会到来

1. 假如真的触到天花板

有些人的职业发展曲线是"布朗运动曲线",还有些人的曲线是"孤峰曲线",也有些人的曲线总体上呈现向上的态势(如下图)。其中,"布朗运动"的方式对于个人的职业成长和积累没有太多帮助,"孤峰曲线"也会因为过早衰退而给人带来无尽的遗憾。

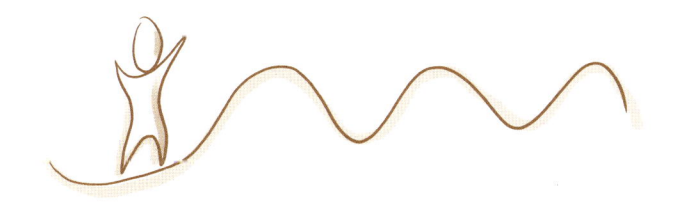

在职业生涯的辅导中,我们通常会提醒学员要尽量避免进入"布朗运动"和"孤峰"状态。通常曲线式增长也不是一帆风顺的,而是由一个个波峰波谷构成。每个波峰意味着一个隐形的"天花板",也意味着需要重新调整,为创造下一个曲线的高峰做准备。促成这些波峰波谷的因素有个人的能力、机遇和所处的大环境。每一个转折点,对于职场人来说都是一次转型的机会。比如,有的人厌倦了现在工作的乏味和缺少新鲜感,

通关：职场女性如何少走弯路

决定提早布局新的方向，会进入一个处于低谷的探索和蓄力期。再比如，新冠疫情的到来对很多人的工作产生了冲击，有的人因此失业了，在找不到匹配的工作时，不得不探索新的方向。全球顶尖的咨询机构麦肯锡在 2023 年发布的《生成式人工智能的经济潜力：下一波生产力浪潮》的研究报告显示，2030—2060 年（中点为 2045 年），有 50% 的职业将逐步被 AI 取代，而且高薪、高学历的脑力劳动者将会受到最大的冲击，这就意味着可能将会有大量的职场人需要转型。

就像花儿总有一天会凋零直到下一个春天，职场人在生涯路上总是要转型，创造新的曲线。生涯辅导领域知名的舒祺老师说"变化的时代，需要终身转型的人才"，所以，转型是一项能力，它的底层是适应变化的能力和积极主动的思维，也不一定在 35 岁之后才需要掌握。如果我们真的触碰到了"天花板"，就大胆地迈出转型的步子吧。

通常转型前几乎都要经历一段焦虑和迷茫的困顿期，不论你过去取得了多么大的成就、能力有多强、个性多么勇敢洒脱，区别只在于困顿期的时间有多长和焦虑的程度有多大。究其原因，转型意味着前路未知，有很大的不确定性，而人类天生就对未知和不确定性感到恐惧。在我遇到过的案例中，有的是正纠结于要不要换到其他部门去的不到 30 岁的"职场壮丁"，有的是因为没有了上升空间而考虑换平台的犹豫女精英，有的是厌倦了日复一日没有价值感的工作而想去创业的踌躇者，还有的是身居高位但即将退休却不舍，从而寻求新出路的女高管。

第7章 突破关：职业瓶颈会成为伪命题

她们身上透出的共性，就是面对未知和不确定性的焦虑。这是黎明前必经的一段黑暗旅程，在心态上需要做好铺垫：不必抗拒这段旅程，也不必过分担忧它，因为事实证明，它必将被新的状态所取代。

"转型去做什么呢""如果我开始这项新的工作或者事情，会比现在更好吗"是盘旋在每位转型人脑中的疑问。这两个问题是相互关联的，因为我们总是期望新的方向会比现在好，或者至少不比现在差，所以想要认真谨慎地选择去做什么。然而，每个人积累的人脉和经济基础不同，能力、个性特质、兴趣爱好和价值观追求也不同，所以对这两个问题的答案的探索也因人而异。

一般来说，在职业生涯的早期，比如工作时间不满 5 年时，从能力、兴趣和价值观切入去做职业方向的重新定位，切换到一个新的领域，所损失的沉没成本不算太高，可以一试。如果工作时间已经超过 5 年，建议选择能够发挥过去所积累资源的作用的方向，这样可以缩短转型前期的蓄力时间，使领域切换更容易。这里的资源包括工作的平台、社交人脉网络、个人形成的影响力以及个人的能力和经验等。这也是为什么我们在同一个公司里切换方向，比换公司的同时切换方向更加容易。

如果你过去是一名行政助理，你在公司里转去做商务或者项目经理是比较容易的，因为工作平台相同，能力和经验可以迁移。如果你过去从事的是外贸采购工作，想转型去创业，那么做依托于亚马逊平台的跨境电商也可以很平滑地切换。如果

通关：职场女性如何少走弯路

你过去是企业内部的培训管理者，想要转型成为自由的培训师，也相对容易，因为你过去组织和参加过很多课程和项目的培训。还有许多原本在企业中担任高管的人，后来转型成了为企业高管提供服务的高管教练。这些丝滑的转型背后，都隐藏着原有资源的支撑。

也有一些180°的转型，比如从企业职员跨界做保险代理。网上有个段子说，程序员的尽头是外卖小哥，人力资源的尽头是卖保险。这句看似戏谑的打趣话，却在玩笑中折射出现实。实际上，"保险代理"这份工作的价值和意义被严重低估了，相应的挑战也被转型者忽视了。我的朋友圈中就有很多位非常优秀而且深受人信赖的保险经纪人，她们中有从香港城市大学毕业的女建筑工程师、从内地考到香港上大学后留在当地的保险经纪团队负责人、从华为的项目经理岗位上离职后转行的保险经纪人，还有成了百万圆桌会议（MDRT）成员的985重点大学的教授夫人。她们为客户带去了安心，尤其是当投保人因为重大疾病而需要大笔费用时，她们及时给予的支持令客户倍感暖心。同时，她们自己也收获了非常丰厚的回报。当然，也有很多人转行去做了一段时间保险经纪人之后，又因为抹不开面子去主动开拓客户、业绩压力大等而中途放弃，因为她们对这份工作的挑战和需要的勇气预估不足。

所以，转型能否成功并没有标准的模式，我们只能从一些基本的原则上来建议，以提高转型的成功概率。

第一，选择与自己兴趣、价值观的优势能力有交集的方向，这样至少可以让新方向给自己带来愉悦感。

第二，选择市场需求大、回报和收益符合期望的事情，这样可以让你成功转型后有稳定且足够的收入。

第三，尽可能选择可以运用自己过往资源的事情，这样可以缩短转型的摸索期。

第四，提早准备，包括做调查、学习和储备能力、与相关的人建立好联系等。机会总是给有准备的人，因为难以判断时机，所以最好的方式就是时刻做准备。

第五，心态上保持谨慎乐观，行动上坚持而不轻言放弃。接纳可能产生的焦虑和紧张情绪，也心怀"相信"的信念，积极行动而不要浅尝辄止，从那些成功转型的人身上都能看到这些共性。

至于能否真正转型成功，除了个人的努力，还有不可控的机遇因素。我们能做的就是努力去种下积极和利他的善缘种子，剩下的就交给老天了。就像张雪峰说的"你只管努力，剩下的交给天意"。

2. 通往实现人生意义的路

在转型大军中，有一支不一样的队伍，他们不是被迫，而是主动去追寻自己内心渴望的意义。

有一部非常燃的纪录片《内心引力》，记录了八位主人公遵从内心奋不顾身投入自己渴望的事业中的经历。其中一位女主人公是班夫中国的创始人钱海英（Tina）。Tina是一位骨灰级

通关：职场女性如何少走弯路

的户外玩家，在 IBM 工作了将近 10 年，从最开始为了锻炼身体而坚持每天跑 10 公里发展到后来去参加各类户外运动，包括登山、滑雪、攀冰、攀岩、潜水、跳伞等极限运动。因为早年国内没有太多关于户外运动的理念、技术，她和朋友只能通过国外的电影或视频来了解真正的户外运动，学习新的技术。她和丈夫在澳大利亚生活期间，接触到了班夫山地电影节。班夫山地电影节源于加拿大的户外盛会，在全世界的户外爱好者、极限运动爱好者、探险家和环保者群体中有极大的影响力，有"户外电影奥斯卡"之称。于是，Tina 产生了把这么好的电影节引入中国的念头。

说干就干，2010 年，Tina 一个人从澳大利亚回到中国，从选片到翻译到影院排片再到市场宣传——摸着石头过河，后来还把自己在北京的房子卖了作为运作资金。这个艰难的过程令人难以想象，最忙的时候，她甚至挺着 8 个月大的肚子，每天工作到深夜，连续几个月出差。最终在 2010 年 10 月，Tina 策划完成了班夫中国首次影展。班夫中国于这一年正式成立。到 2019 年，班夫中国引进了纪录片《徒手攀岩》（Free Solo），这是我国第一部登上院线的户外纪录片，总票房超 3600 万元。从当初的一个人，没有任何资金、赞助，到现如今班夫中国成为国内最知名、最专业的户外纪录片推广机构，是什么推动 Tina 勇往直前、排除万难去创造属于自己的天地？

用她自己的话说就是：

"想来想去，我决定给自己一个机会，把爱好做成事业。"

第7章 突破关：职业瓶颈会成为伪命题

"当你知道你无法永生的时候,你就再也不能够去过那种庸庸碌碌的日子了。"

这就是内心引力——追寻内在的热情,去实现个人愿景和人生意义的驱动力。

心理学家罗伯特·迪尔茨(Robert Dilts)提出了著名的NLP思维逻辑层次。这是一个人的内在思维系统和如何看待世界的"层级系统"。从最底层的环境,到最顶层的精神,心理的能量也从最低走向了最高。最顶层是精神层(见下图),回答的是"人生的意义是什么"这个问题。

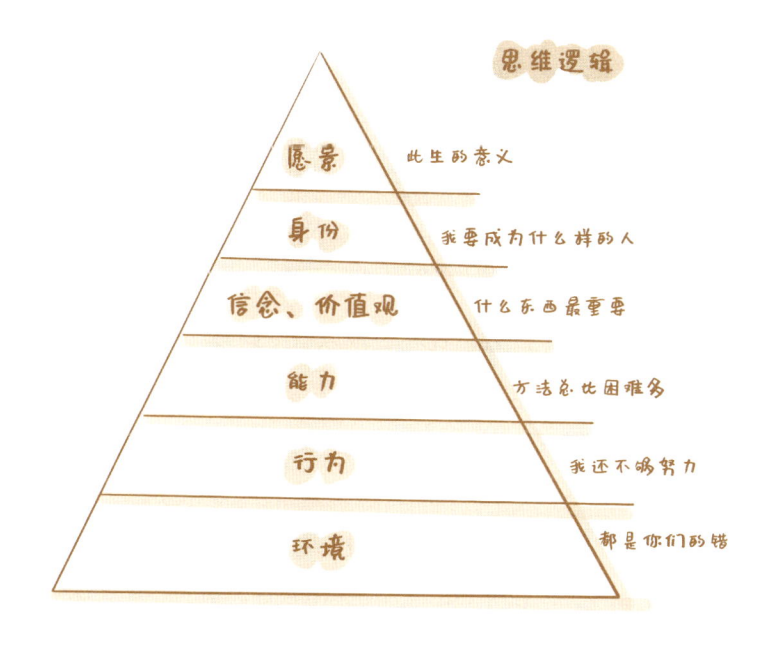

思维逻辑

- 愿景 —— 此生的意义
- 身份 —— 我要成为什么样的人
- 信念、价值观 —— 什么东西最重要
- 能力 —— 方法总比困难多
- 行为 —— 我还不够努力
- 环境 —— 都是你们的错

意义的表现形式可以是内心的热爱和激情,可以是活出多

通关：职场女性如何少走弯路

彩斑斓的真我，也可以是利他和做出一份贡献的情怀。当我们站在追求人生意义的思维层次上思考问题和行动时，心理的力量感最足。

每当谈起人生意义这个宏大的问题，我就会想起哈佛商学院教授克里斯坦森的《你要如何衡量你的人生》这本书。克里斯坦森教授在这本书中讲述了他个人的职业发展经历、他的思考以及一些建议。他说"如果你花时间来寻找你的人生目标，那么我保证，那将是你学到的最重要的东西"，这个目标不一定与世俗意义的成功相关，而与内在真正的热情和激励点相关。

当我们决定做出改变，走上转型这条路时，我们不妨停下来感受一下内心真正的热情和渴望是什么，拷问一下自己所追求的人生意义是什么。也许我们会像Tina一样，把过去一直陪伴自己的爱好转变成自己的事业，从此走上自我实现的巅峰之路。电影《我本是高山》中的华坪女高校长张桂梅，是从最朴素的"我活着要干什么，我就想做点事"出发，走上了改变大批山区女孩命运，甚至影响整个教育界的非凡意义之路。我们可能达不到张校长这样的高度，但我们可以向她学习，从最朴素的出发点着手，去追寻自己内心深处的声音，任由它把转型的机遇推向实现自己人生意义的康庄大道。

2021年11月2日，在上海举行的第四届世界顶尖科学家"她"论坛上，95岁的天文学家、中国科学院院士、中国首位女性天文台台长叶叔华在全英文演讲中，鼓励女性"打破玻璃天花板"。她说:"如果你想要什么,就必须为之奋斗。当然,这不是一场拳击赛,女性在赛场上也不会受到什么伤害。但是对女性来说,我们希望得到更多的机会,因为很长一段时间里,我们都受到了不公平待遇。"叶先生的演讲是激动人心的,传递的心法也是朴实的,对所有具有职业追求的女性来说都可行——女性想要在职业的道路上领略更高、更宽、更多彩的风景,就必须自己去为之奋斗。在迈出奋斗的步伐前,首先要武装头脑和心灵,即不给自己设限。在不设限的人生里,职业瓶颈真的是个伪命题!